中华青少年科学文化博览丛书·科学技术卷 >>>

图说太空望远镜 >>>

中华青少年科学文化博览丛书·科学技术卷

太空望远镜

吉林出版集团有限责任公司 | 全国百佳出版单位

前 言

望远镜又称千里镜，是一种利用凹透镜和凸透镜观测遥远物体的光学仪器。1608年，荷兰人汉斯·利伯希发明了第一部望远镜。利伯希是荷兰小镇一家眼镜店的主人。传说某一天，为检查磨制出来的透镜质量，他把一块凸透镜和一块凹透镜排成一条线，通过透镜看过去，发现远处的教堂塔尖好像变大拉近了，于是在无意中发现了望远镜的秘密。

自此，科学家们开始不断地改进和研发各种望远镜，更设想将望远镜移到浩瀚辽阔的太空中。太空望远镜也便纳入科学家们的视野了。科学家们利用太空望远镜，观测宇宙中各种景象，得出科学的数据，从而推动了各个研究领域的快速发展，比如现代物理学、现代医学、航天科技等等。

太空望远镜就像人类生长在浩瀚宇宙中的“眼睛”，让人们能极其清晰地看到人类肉眼与一般望远镜所无法企及的遥远星体和星云。用这样的望远镜，不仅可以观察到几十亿光年以外的物体，而且能由此了解几十亿年前发生的事情，还能让人们看到各式各样神奇、有趣的景象。凭借着太空望远镜惊人的视野和敏锐的“洞察力”，宇宙的奥秘正在不断被揭开。天文学家们也正利用太空望远镜实现着种种奇迹！

挑战——应对——进步……人类就是在这样一个循环中不断成长、进步。成功的喜悦意味着更大的挑战，失败的苦涩为我们指出成功的方向。太空望远镜的出现记录了人类不懈追求的足迹，也呵护着人类探索宇宙的希望，同时也推动着人类更好地迈向未来世界。希望这本书能带给大家新的发现，让大家更好地了解太空望远镜。

目录

第1章 科学与神话——太空望远镜来历

第2章 见证“宇宙大眼睛”——太空望远镜揭秘

第3章 可爱？可恨？——不完美的太空望远镜

目录

第4章 功成身退——太空望远镜的开路者

第5章 任重而道远——太空望远镜的现在与未来

第6章 造福人类——太空望远镜与未来世界

第1章

科学与神话
——太空望远镜来历

◎ 神话里的幻想
◎ “太空望远镜”的由来
◎ 宇宙中的“大眼睛”
◎ 明星“哈勃”出世
◎ “哈勃”的太空旅行
◎ 伟大的“哈勃”

第1章 科学与神话——太空望远镜来历

一、神话里的幻想

千里眼是中国古代神话里的一个常见角色，他曾出现在《西游记》、《封神演义》、《搜神记》等名著里。

《封神演义》中讲道，商纣王手下有两员大将，一个叫高明，一个叫高觉。这两个人原是棋盘山上的桃精和柳鬼，有很多妖术。高明眼观千里，人称千里眼；高觉耳听八方，故名顺风耳。商纣王把他俩差往前线，协助袁洪与周国的姜子牙作战。

兄弟俩来后，果真施展了一些手段。姜子牙每说一话，都被顺风耳听见；每行一事，都被千里眼看到，屡次设下计谋，都被两妖破了，弄得姜子牙好不心焦。但最后由于杨戬施了计谋，千里眼、顺风耳被姜子牙打败，周朝建立。

话说千里眼能看到千里之外的东西，这种特异功能是一般人可望而不可及的。但最终聪明的人类还是发明了一样神奇的东西——望远镜，人们可以借助这个小玩意，看到数千里以外的东西，甚至，可以将其延伸到太空，去看我们所不知道的太空。

影视作品中的纣王

封神演义

《封神演义》，俗称《封神榜》，又名《商周列国全传》、《武王伐纣外史》、《封神传》，中国神魔小说，为明代陈仲琳（一说是许仲琳）所写，约成书于隆庆、万历年间。全书共一百回。

《封神演义》的原型最早可追溯至南宋的《武王伐纣白话文》，可能还参考了《商周演义》、《昆仑八仙东游记》，以姜子牙辅佐周室（周文王、周武王）讨伐商纣的历史为背景，描写了阐教、截教诸仙斗智斗勇、破阵斩将封神的故事。包含了大量民间传说和神话，有姜子牙、哪吒等生动、鲜明的形象，最后以姜子牙封诸神和周武王封诸侯结尾。

姜子牙

姜尚，名望，吕氏，字子牙，或单呼牙，也称吕尚，东海海滨人。他生于公元前1156，死于公元前1017年，139岁，先后辅佐了六位周王，因是齐国始祖而被称为“太公望”，俗称姜太公。西周初年，他被周文王封为“太师”（武官名），被尊为“师尚父”，协助文王，一同谋划推翻商朝，后辅佐周武王灭商。他因为功劳突出得到齐国封地，成为周代齐国的始祖。

他是中国历史上最享盛名的政治家、军事家和谋略家。

传说中的姜子牙

第1章 科学与神话——太空望远镜来历

二、“太空望远镜”的由来

望远镜又称千里镜，是一种利用凹透镜和凸透镜观测遥远物体的光学仪器。利用通过透镜的光线折射或光线被凹镜反射使之进入小孔并会聚成像，再经过一个放大目镜而被看到。

望远镜的第一个作用是放大远处物体的张角，使人眼能看清角距更小的细节。望远镜第二个作用是把物镜收集到的比瞳孔直径（最大8毫米）粗得多的光束，送入人眼，使观测者能看到原来看不到的暗弱物体。

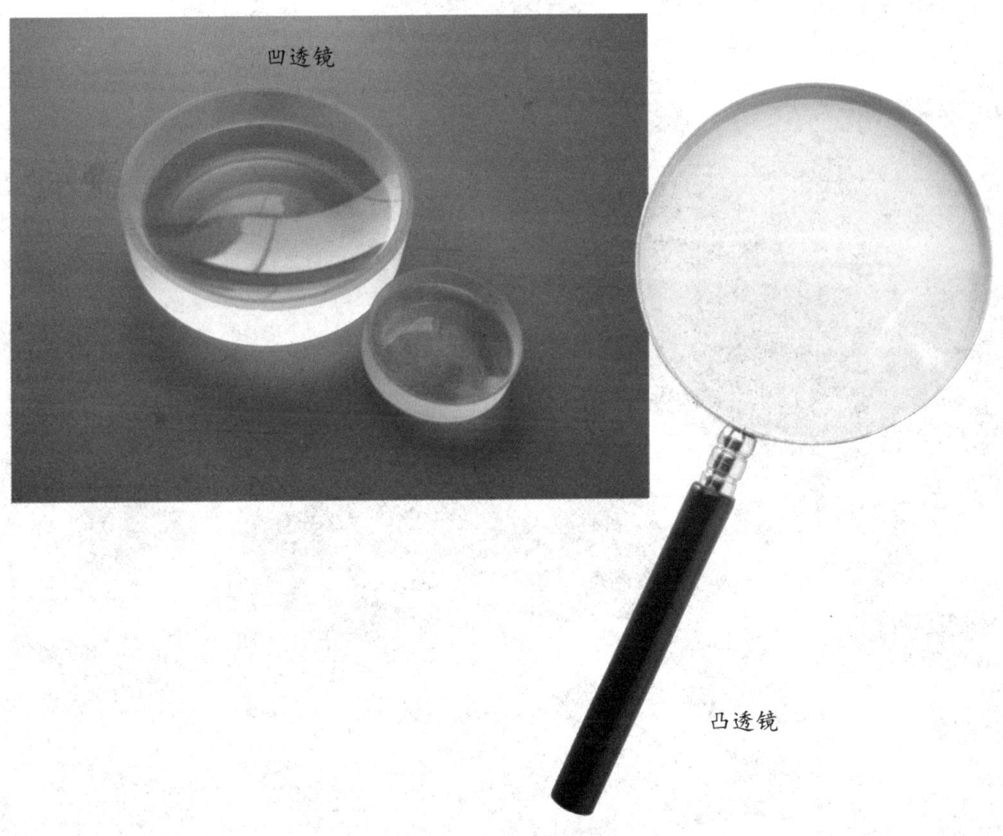

单筒望远镜

1608年荷兰人汉斯·利伯希发明了第一部望远镜。传说17世纪初的一天，荷兰小镇的一家眼镜店的主人利伯希，为检查磨制出来的透镜质量，把一块凸透镜和一块凹透镜排成一条线，通过透镜看过去，发现远处的教堂塔尖好像变大拉近了，于是在无意中发现了望远镜的秘密。1608年他为自己制作的望远镜申请专利，并遵从当局的要求，造了一个双筒望远镜。

自此，科学家们开始不断研发与改进各种望远镜。但是，人们发现，不管望远镜做得多大，设置在多高的山上，总会受到大气的限制：不但是云层的阻挡与夜空散射光的影响；而且还在于大气只让可见光与少数红外波段的辐射通过；即使在晴夜，大气扰动也会游移不定；更糟糕的是，望远镜的口径越大，这种扰动也越明显、因此，大型望远镜的实际分辨率比衍射理论计算的结果要坏几十倍。

双筒望远镜

因为地球的大气层对许多波段的天文观测影响甚大，天文学家便设想若能将望远镜移到太空中，便可以不受大气层的干扰得到更精确的天文资料。这样，太空望远镜就开始进入大家的视野了。

太空望远镜一直是天文学家的梦想。因为通过地面望远镜观测太空总会受到大气层的影响，因而在太空设立望远镜意味着把人类的眼睛放到了太空，盲点将降到最小。

太空望远镜又叫光学望远镜，是天文学家的主要观测工具之一，大多数天文学上用的光学望远镜，都是由一片大的曲面镜，代替透镜来聚焦，这样可以确保灵敏的探测器能用最大限度收集从遥远星球发出的光线，而透镜则会在光线通过时把其中的一部分吸收，1990年发射的哈勃太空望远镜是在地球上空飞行的一个光学望远镜，它可以避免地球因为大气层干扰而使得图像模糊不清的困扰。

目镜

目镜是用来观察前方光学系统所成图像的目视光学器件，是望远镜、显微镜等目视光学仪器的组成部分。为消像差，目镜通常由若干个透镜组合而成，具有较大的视场和视角放大率。

小孔成像

用一个带有小孔的板遮挡在屏幕与物之间，屏幕上就会形成物的倒像，我们把这样的现象叫小孔成像。前后移动中间的板，像的大小也会随之发生变化。这种现象反映了光沿直线传播的性质。

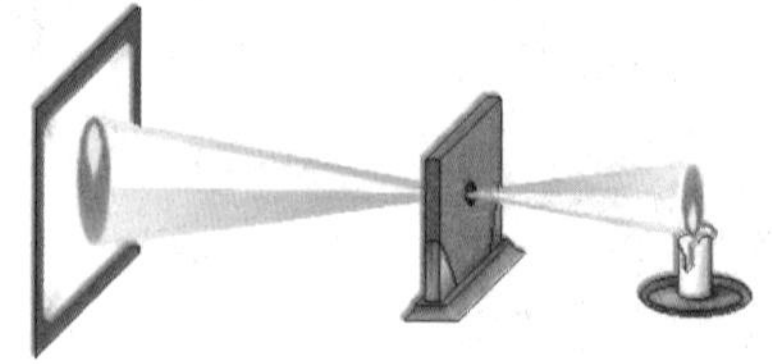

天文望远镜

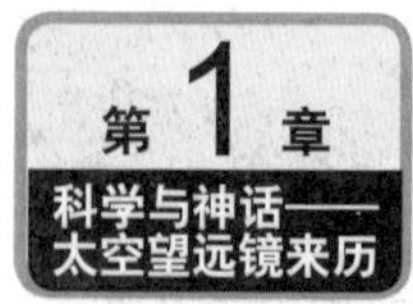

三、宇宙中的“大眼睛”

太空望远镜从地球上发射，安放于大气层之外“朦胧”的太空。科学家们利用太空望远镜，观测宇宙中各种景象，得出科学的数据，从而推动了各个领域的快速发展。太空望远镜凭借其惊人的视野与敏锐的“洞察力”，宇宙的奥秘正不断被揭开。

太空望远镜

想象一下，在浩瀚的宇宙中有一只“眼睛”，它能极其清晰地看到人类肉眼与一般望远镜所不能企及的、遥远的星体或星云。用这样的望远镜不仅可以观察到几十亿光年以外的物体，还能由此了解几十亿年前发生的事情。天文学家们正利用太空望远镜实现着种种奇迹！

星云

与其他望远镜一样，太空望远镜有一个一端开口的长筒，内设的镜子可以采集光线，并将其传送到“眼睛”聚集的焦点。太空望远镜有几种类型的“眼睛”，也就是各种仪器。正如某些动物可以看到不同类型的光（如昆虫可以看到紫外光，而人类能看到可见光），太空望远镜必须能够观测到从天空洒下的各种光线。正是这些各式各样的科学仪器造就了太空望远镜这一神奇的天文工具。

太空望远镜就像是一个好奇的“大眼睛”，带着人们对宇宙无穷无尽的疑问在太空里漫游。它看到了各种神奇，也记录了各式有趣的景象。

太空望远镜

光学焦点

光学系统(透镜、面镜等光学元件及其组合)的重要概念之一。透镜(或曲面镜)将光线会聚后所形成的点。因光线会聚成一点可将物烧焦而得名。根据透镜(或曲面镜)种类、入射光方向和发散程度，将焦点分成实焦点、虚焦点、主焦点、副焦点，等等。

平行光线经凸透镜折射(或凹面镜反射)后各折射线(或反射线)会聚之点叫做实焦点；经凹透镜折射(或凸面镜反射)后各折射线(或反射线)发散而不会聚于一点，这时朝反方向延长的交点叫做虚焦点。平行于主轴的平行光线经折射(或反射)后的相交点必在主轴上，在主轴上的焦点叫做主焦点。

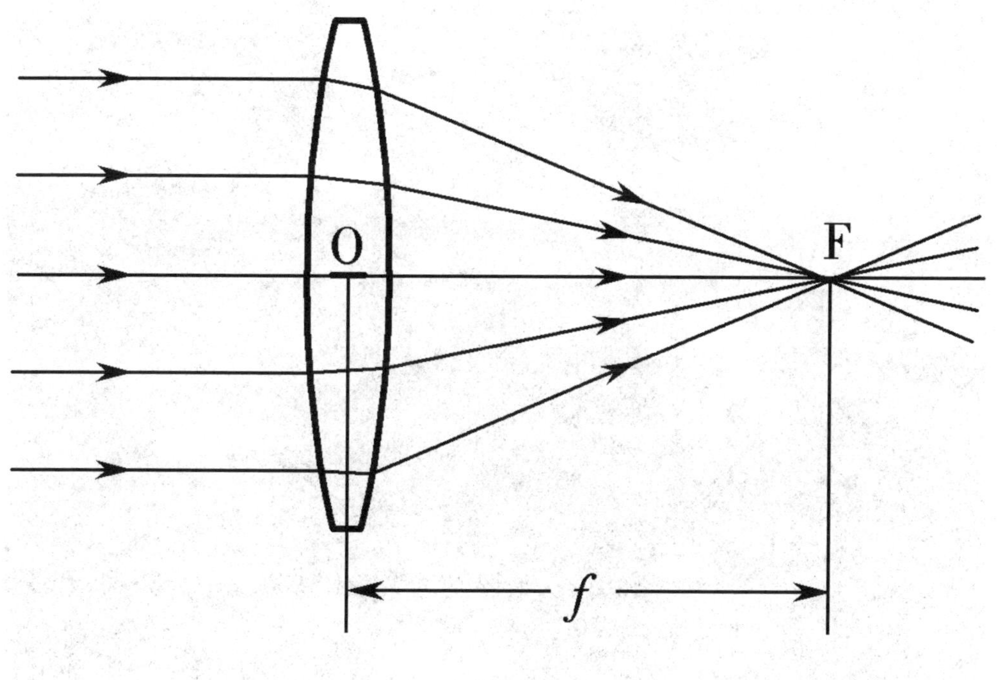

光学焦点

第1章 科学与神话——太空望远镜来历

四、明星“哈勃”出世

哈勃望远镜是人类第一座太空望远镜，总长度超过13米，质量为11吨多，运行在地球大气层外缘离地面约600千米的轨道上。它大约每100分钟环绕地球一周。哈勃望远镜是由美国国家航空航天局和欧洲航天局合作，于1990年发射入轨的。哈勃望远镜是以天文学家爱德文·哈勃的名字命名的。按计划，它将在2013年被詹姆斯韦伯太空望远镜所取代。哈勃望远镜的角分辨率达到小于0.1秒，每天可以获取3～5兆字节的数据。

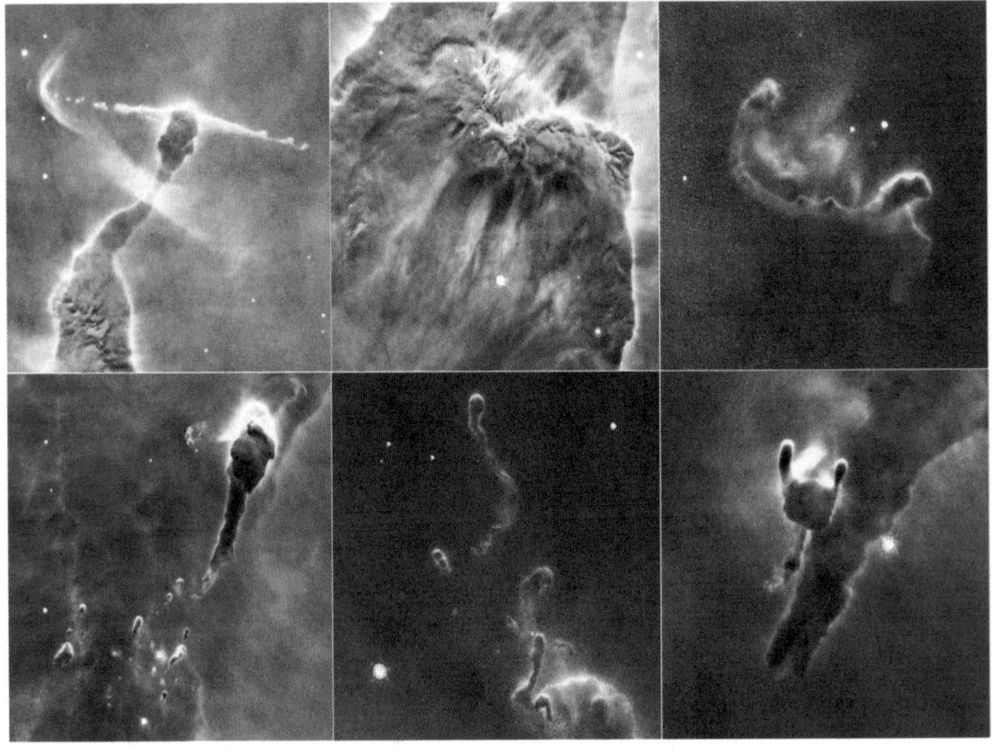

哈勃望远镜拍摄的多张照片

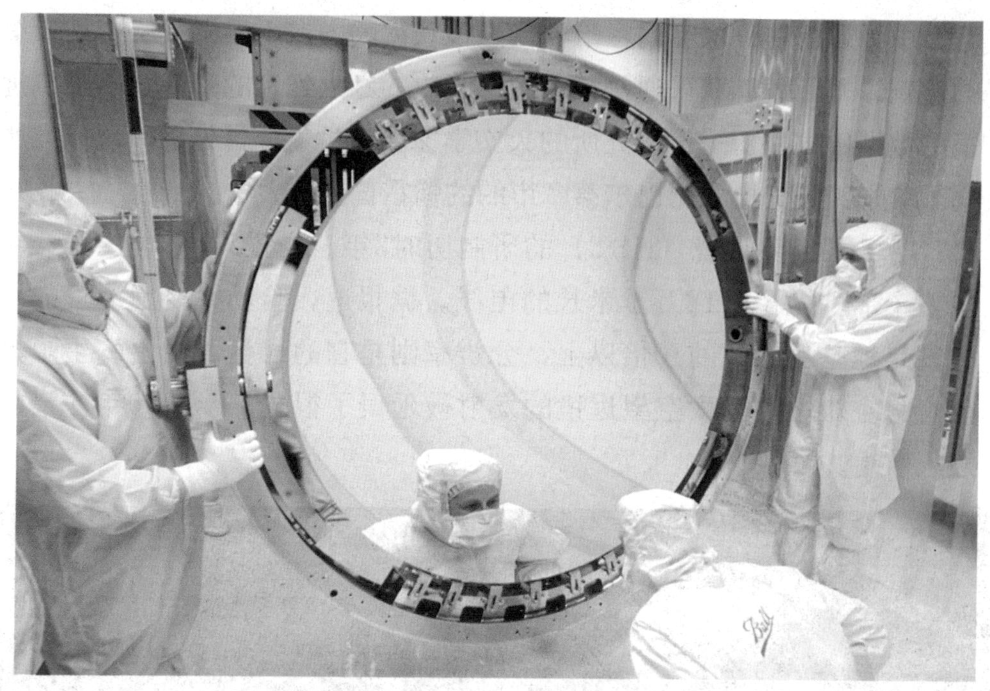

发射前工作人员对哈勃太空望远镜的主镜进行检查

哈勃太空望远镜的构想可追溯到1946年。该望远镜于1970年代设计，建造及发射共耗资20亿美元左右。NASA马歇尔空间飞行中心负责设计，开发和建造哈勃空间望远镜。NASA高达德空间飞行中心负责科学设备和地面控制。珀金埃尔默负责制造镜片，洛克希德负责建造望远镜镜体。

自从1990年这个以美国天文学家埃德温·哈勃命名的望远镜进入太空以来，它已经成为最多产的天文望远镜之一。这要归功于它的环境优势：在距离地面数百千米的轨道上，它不会受到大气层的干扰。大气层在保护人类的同时，也过滤掉了大量珍贵的来自宇宙的信息。地面上的光学天文望远镜因此望尘莫及。哈勃望远镜的重大发现包括拍摄到了遥远星系的“引力透镜”和新的恒星诞生的“摇篮”，等等。天文学家越来越热衷于把望远镜送入太空，从而获得更多在地面上无法获得的信息。

由于运行在外层空间，哈勃望远镜获得的图像不受大气层扰动折射的影响，并且可以获得通常被大气层吸收的红外光谱的图像。哈勃望远镜的数据由太空望远镜研究所的天文学家和科学家分析处理。该研究所属于位于美国马里兰州巴尔第摩市的约翰霍普金斯大学。

哈勃太空望远镜（HST）的研制历时8年，内置5台科学仪器、40多万个部件以及4.18万千米长的电线。据报道，哈勃太空望远镜的灵敏度是地基望远镜的50倍以上，分辨率则是它的10倍。由于发生了挑战者号空难，哈勃太空望远镜的发射被延误了很久，于1990年才最终进入轨道。

挑战者号

哈勃望远镜不仅是一台配备了科学仪器的望远镜，同时也是一架航天器。因此，它需要动力以便在轨道中运行。为了兼具望远镜和航天器的功能，哈勃望远镜配有光学设备、科学仪器和航天系统。

- 光学设备：哈勃望远镜采用组合望远镜设计（即Ritchey-Chretien设计）。光学设备开始是一架卡塞格伦式光学望远镜。入射光由3米宽的舱门进入，射到直径2.4米的主镜上，再反射到在它前面4.88米处的副镜上。副镜将光线聚焦后，重新再返回到主镜，从主镜中央小孔穿过到达焦平面。考虑到振动、温度、重力等变化的影响，主镜和副镜上各有24个和6个作动器，用于进行调节，使聚焦光线能到达焦平面。如上所述，原本由COSTAR提供的光学矫正系统，如今已内置于新的科学仪器中。

哈勃望远镜一进入轨道，天文学家就发现望远镜的聚焦有问题：珀金埃尔默公司磨制的主镜厚度有偏差。虽然偏差的尺寸还不及头发的1/50，但是却使望远镜产生了球面像差，因而无法拍出清晰的图像。

科学家们为哈勃望远镜重装了一套名为COSTAR（太空望远镜光轴补偿校正光学）的装置。这副“隐形眼镜”可矫正镜片的偏差。COSTAR由若干小镜组成，它们可以截取并矫正来自缺陷主镜的光束，然后将其传送至镜面聚焦处的科学仪器。

1993年，宇航员在维修过程中用COSTAR代替了望远镜上的一个科学仪器。经测试，维修后的哈勃望远镜拍摄图像的清晰度大大提高。现在，哈勃望远镜里的所有仪器都内置了光学矫正设备，已经不需要COSTAR了。

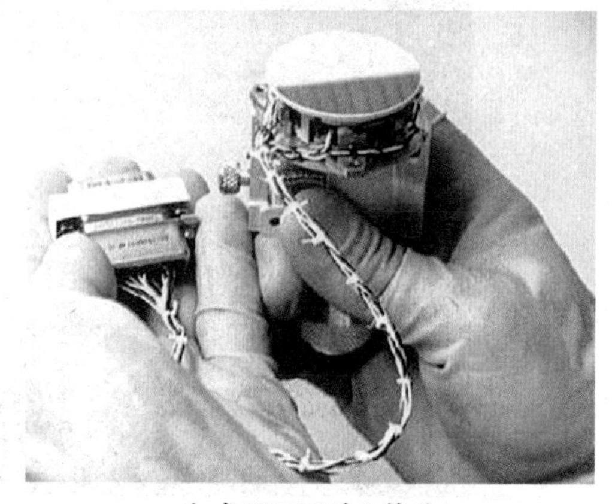

组成COSTAR的小镜子

● 哈勃望远镜配置了多种科学仪器。各仪器均采用电荷耦合器件（CCD）而非摄影胶片来捕捉光线。CCD将探测到的光线转换成数字信号，然后将其存储在望远镜上的计算机中，并发回地面。这些数字数据随后被转化成图像，就成了新闻和杂志上那些令人惊异的图片。

宽视野行星照相机2号（WFPC2）是哈勃望远镜的主“眼”，或主照相机。它与人的视网膜相似，有四个用于捕光的CCD芯片：三个低分辨率、宽视野并以“L”形排列的芯片和一个内置于“L”形阵列的高分辨率行星照相机芯片。这四个芯片同时暴露于目标物面前，而目标影像则位于适宜拍摄该目标的CCD芯片中央（不论该芯片分辨率是高是低）。它可以识别可见光和紫外光。WFPC2可以通过各种过滤光器（红、绿、蓝）使图像的颜色更为自然，例如下面这副星云图。

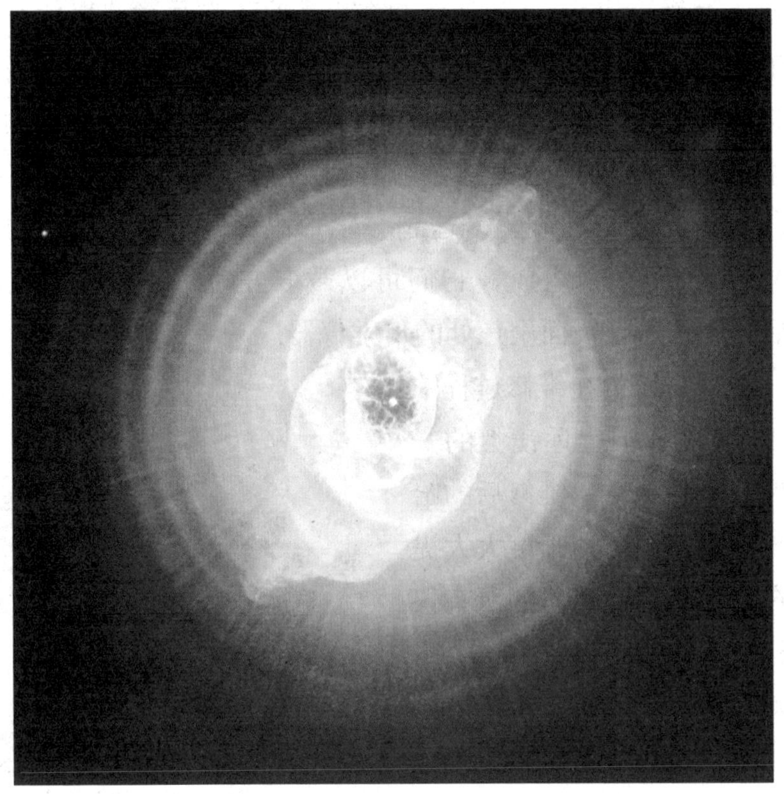

猫眼星云

星际气体和尘埃常常会遮蔽各种天体的可见光，然而，这些被隐藏的天体发出的红外光或热量可以被观测到。为了观测红外光，哈勃望远镜配置了三台高敏照相机，构成了近红外照相机和多天体光谱仪(NICMOS)。NICMOS可以透过星际气体和尘埃进行观测，正如下面这幅猎户座星云图所展现的一样。WFPC2拍摄的可视图中，我们看到的是模糊不清的大团尘埃，而用NICMOS观测红外影像时却看到了云团里的星体。由于对热量极为敏感，多天体光谱仪传感器必需放在一个77开氏度（约-196摄氏度）的大“保温”瓶里。起初，NICMOS要用104千克的固态氮降温，而现在它可以利用一种类似冰箱的机器来有效降温了。

观测天体发出的光是一回事，但测出天体的成分是另一回事。来自星体或其他天体的颜色或光谱是该天体的化学指纹。特有的颜色告诉我们天体里包含了哪些成分，而每种颜色的深浅则显示出各种成分的含量。为了鉴别光的类型，即每种光特有的波长，太空望远镜成像光谱仪(STIS）将进入其中的光线分离开来，就像光透过棱镜产生彩虹一样。除化学成分以外，光谱还可以告诉我们天体的温度和运动等有关情况。如果天体在运动，其化学指纹会向光谱的蓝端移动（表示正向我们运动），或者向红端移动（表示远离我们运动）。例如，STIS观测口瞄准了M84星系中心（以下图像左侧的蓝色长方形）。如果天体没有运动，那么观测口整块区域的光谱应该是一样的。然而，观测口中心的光存在蓝移和红移现象，这就表明这块特定区域（距核心26光年以内）正以

400千米/秒的速度旋转。天文学家计算得出，要引起这样的旋转，这个星系的核心处肯定存在一个巨大的黑洞（相当于约3亿个太阳质量）。

哈勃望远镜的暗弱天体照相机(FOC)在2002年3月被替换为现在的高级巡天照相仪(ACS)。据CNN.com网站报道，其光学清晰度是FOC的10倍。例如，当观测参宿四(猎户座的一颗恒星，位置在猎户的肩膀上)时，通过FOC竟然能够看到该恒星的表面。这是人们第一次看到太阳以外的恒星表面。科学家们从图像判断参宿四表面有一个奇异的热斑，这个热斑的温度比该恒星表面其它部分要高2000开氏度(约1727摄氏度)。

精密制导传感器(FGS)用于望远镜定向和准确测量恒星的具体位置、双子星的分离和星体的直径。哈勃望远镜有三个FGS，其中两个用于引导望远镜瞄准并锁定目标，寻找哈勃望远镜视野范围内位于观测目标附近的“导向”星体。一旦找到导向星体，FGS便将其锁定并向哈勃望远镜的制导系统反馈信息，以便让导向星体保持在望远镜的视野内。在这两个FGS引导哈勃望远镜的同时，另一个则进行天体测量(星体位置)。天体测量对探测行星起着重要作用，因为行星在轨道上运行会导致母星在运动中晃动。

猎户座星云

● 航天器系统

哈勃的电池板

动力系统。哈勃望远镜的所有仪器和计算机都需要电力。这些电力由两块巨大的太阳能电池板提供，每块长12.2米。它们能够提供2400瓦的电力，相当于60盏40瓦灯泡的耗电量。望远镜被地球挡住时，则由6个镍氢电池提供电力(相当于20个汽车电池的蓄电量)。当望远镜再次被太阳光照射时，太阳能电池板又会重新给电池充电。

通讯系统。哈勃望远镜必需能够与地面的控制系统联系，以传送观测所得的数据并接收观测新目标的指令。哈勃望远镜利用一系列名为跟踪与数据中继卫星系统（TDRSS）的中继卫星进行通讯。这个系统与国际空间站使用的系统一样。天体发出的光被哈勃望远镜捕获并转化成数字数据。然后这些数据被送往轨道上的TDRSS，TDRSS再将信号传送到美国新墨西哥州的白沙地面接收站。接收站把数据传送到NASA的戈达德航天飞行控制中心，哈勃望远镜的操纵中心就设在那里。接着这些数据由附近马里兰州巴尔的摩太空望远镜科学研究所的科学家进行分析。多数情况下，命令会事先传达给哈勃望远镜，使其按观测计划运行，但在必要时也会进行实时指挥。

操纵系统。哈勃望远镜在拍摄时必须一直锁定某个目标，这一过程可能要保持数小时，具体取决于观测者使用的仪器。别忘了，哈勃望远镜在以97分钟的轨道周期绕地球运行。因此，望远镜就像一艘沿海岸线在波浪起伏的海面上高速行驶的船，而它瞄准目标就像从这艘船上瞄准海滩上的一个小物体。为了做到这一点，哈勃望远镜配备了三个系统：陀螺仪——感应大小运动；反应轮——移动望远镜；精密制导传感器——感应细微运动。

计算系统。科学仪器舱上的望远镜镜筒周围装有两台主计算机。一台与地面通讯以传输数据和接收指令；另一台负责操纵哈勃望远镜，同时还有各种内务操作功能。此外，还有备用计算机供紧急使用。哈勃望远镜上的每一台仪器都装有微处理器，可以移动过滤轮、控制快门、收集数据以及与主计算机对话。

结构。哈勃望远镜有一个构架，使光学设备、各种仪器及航天器系统各就其位。哈勃望远镜有一个用石墨环氧树脂做成的桁架系统支撑这些光学设备，材料与网球拍和高尔夫球杆类似。这个桁架长5.3米，宽2.9米，重114千克。支撑光学设备和科学仪器的镜筒用铝制成，上面覆盖了多层绝缘体。这些绝缘体使望远镜在经受阳光和阴影之间极端的温度变化时不致受损。

埃德温·哈勃

埃德温·哈勃1889年出生在美国密苏里州马歇尔菲尔德，在美国肯塔基州度过了他的童年。后来，全家搬到了美国伊利诺斯州芝加哥，并在那里念大学，学习数学和天文学。学生时代他是个好学生，也是个运动健将；以后又去法国参过军，第一次世界大战结束后，哈勃回到了美国，并做起了天文工作，并取得了很好的成果，他是第一个使用霍尔望远镜的天文学家，就在他去世前夕，他还打算花4个晚上用霍尔望远镜来观察宇宙。他于1953年去世，享年64岁。

爱德文·哈勃

挑战者号航天飞机

美国正式使用的第二架航天飞机。开发初期原本是被作为高拟真结构测试体(high—fidelity Structural Test Article，因此初期机身代号为STA—099)，但在挑战者号完成初期测试任务后，被改装成正式的轨道载具(Orbiter Vehicle，因此代号改为OV—099)，并于1983年4月4日正式进行任务首航。

1986年1月28日，挑战者号在进行代号STS—51—L的第10次太空任务时，因为右侧固态火箭推进器上面的一个O形环失效，导致一连串的连锁反应，并且在升空后73秒时，爆炸解体坠毁。机上的7名宇航员都在该次意外中丧生。

五、“哈勃”的太空旅行

最初，“哈勃”原定于1986年升空，但自从该年一月发生的挑战者号爆炸事件后，升空的日期被后延。直到1990年4月24日，哈勃太空望远镜才随发现号航天飞机升入太空。

哈勃首批传回地球的影像令天文学家等不少人大为失望，由于珀金埃尔默制造的镜片的厚度有误，产生了严重的球差，因此影像比较朦胧。

此后，哈勃进行了前后五次的维护：

● 第一次维护任务

在设计上，哈勃空间望远镜必须定期的进行维护，但是在镜子的问题明朗化之后，第一次的维护就变得非常重要，因为航天员必须全面性的进行望远镜光学系统安装和校正的工作。被选择执行任务的七位航天员，接受近百种被专门设计的工具使用的密集训练。由奋进号在1993年12月的STS-61航次中，于10天之中重新安装了几件仪器和其它的设备。

最重要的是以COSTAR修正光学组件取代了高速光度计，和广域和行星照相机由第二代广域和行星照相机与内部的光学更新系统取代。另外，太阳能板和驱动的电子设备、四个用于望远镜定位的陀螺仪、二个控制盘、二个磁力计和其它的电子组件也被更换。望远镜上携带的计算器也被更新升级，由于高层稀薄的大气仍有阻力，在三年内逐渐衰减的轨道也被提高了。

在1994年1月13日，美国国家航空暨太空总署宣布任务获得完全成功，并显示出许多新的图片。这次承担的任务非常复

哈勃太空望远镜从航天飞机载货舱进入轨道

杂，共进行了五次航天飞机船舱外的活动，它的回响除了对美国国家航空暨太空总署给予极高的评价外，也带给天文学家一架可以充分胜任太空任务的望远镜。虽然后续的维修任务没有如此的戏剧化，但每一次都给哈勃空间望远镜带来了新的能力。

● 第二次维护任务

第二次维护任务由发现号在1997年2月的STS−82航次中执行，以太空望远镜影像摄谱仪(STIS)和近红外线照相机和多目标分光仪(NICMOS)替换掉戈达德高解析摄谱仪(GHRS)和暗天体摄谱仪(FOS)；以一台新的固态记录器替换工程与科学录音机，修护了绝热毯和再提升

1997年宇航员在执行哈勃维修任务

哈勃的轨道。近红外线照相机和多目标分光仪包含由固态氮做成的吸热器以减少来自仪器的热噪声，但在安装之后，部分来自吸热器的热扩散却意料之外的进入光学挡板，这额外增加的热量导致仪器的寿命由原先期望的4.5年缩短为2年。

● 第三次维护任务(3A)

在六台陀螺仪中的三台故障之后（第4台在任务之前几个星期故障，使望远镜不能胜任执行科学观察），第三次维护任务仍然由发现号在1999年12月的STS–103航次中执行。在这次维护中更换了全部的六台陀螺仪，也更换了一个精细导星传感器和计算器，安装一套组装好的电压/温度改善工具(VIK)以防止电池的过热，并且更换绝热的毯子。新的计算器是能在低温辐射下运作的英特尔486，可以执行一些过去必须在地面处理的与宇宙飞船有关的计算工作。

● 第四次维护任务(3B)

第四次维护任务由哥伦比亚号在2002年3月的STS–109航次中执行，以先进巡天照相机(ACS)替换了暗天体照相机(FOC)，并且查看了冷却剂已经在1999年耗尽的近红外线照相机和多目标分光仪(NICMOS)。更换了新的冷却系统之后，虽然还不能达到原先设计时预期的低温，但已经冷到足以继续工作了。

在这次任务中再度更换了太阳能板。新的太阳能板是为铱卫星发展出来的，大小只有原来的三分之二，除了可以有效的减少稀薄大气层带来的阻力，还能多供应30%的动力。这多出来的动力使得哈勃空间望远镜上所有的仪器可以同时运作，并且因为较为柔软，还消除了老旧的太阳能板因为进出阳光照射区域会产生震动的问题。为了改正继电器迟滞的问题，哈勃的配电系统也被更新了。这是哈勃空间望远镜升空之后，首度能完全的应用所获得的电力。其中影响最大的两架仪器，先进巡天照相机和近红外线照相机和多目标分光仪，在2003至2004年间共同完成了哈勃超深空视场。

最后的维护任务

最后一次的哈勃维修任务计划安排在2008年9月11日，航天员将更换新的电池和陀螺仪。更换精细导星传感器(FGS)并修理太空望远镜影像摄谱仪(STIS)。他们也将安装二架新的仪器：宇宙起源频谱仪和第三代广域照相机，但是可能不会重置或替换先进巡天照相机。

然而NASA于2008年9月宣布哈勃空间望远镜上的数据处理系统出现严重故障，无法正常存储观测数据并传回地球，而且由于哈勃太空任务高度与国际太空站距离十分远，太空人在紧急情况下未能找到有效安全避难处，这使得维护哈勃望远镜变为一项极度危险的任务。

在美国东部时间2009年5月11日14点01分，美国“阿特兰蒂斯”号航天飞机从佛罗里达州肯尼迪航天中心发射升空。在此次太空之旅中，机上的7名宇航员通过 5 次太空行走对哈勃太空望远镜进行了最后一次维护，为其更换了大量设备和辅助仪器，这些更新主要包括：用第三代

对哈勃望远镜进行最后一次维修的七名宇航员

广域照相机(WFC3)取代WFPC2；安装新的宇宙起源频谱仪（COS）、取回该处的COSTAR光学矫正系统；修复损坏的先进巡天照相机（ACS）；修复损坏的空间望远镜摄谱仪（STIS）；替换损坏的精细导星传感器(FGS)；更换科学仪器指令和数据处理系统（SIC&DH）；更换全部的电池模组；更换所有的6个陀螺仪和3组定位传感器（RSU）；更换对接环、安装全新的绝热毯（NBOL）、补充致冷剂，等等。而这将会是哈勃空间望远镜最后一次的维护任务，会将哈勃空间望远镜的寿命延长至2013年后。届时发射的詹姆斯·韦伯空间望远镜能接续哈勃空间望远镜的天文任务。

航天飞机宇航员正在维修哈勃太空望远镜

由于部分零件的消耗，哈勃望远镜继续在太空生存已成危险，美国航空宇宙局在是否对之进行修复以便延长其寿命的问题上立场几番变化。一开始，NASA不愿意延长其寿命，后来又想通过发射航天飞机让宇航员上太空为其修复，但考虑到要飞向比一般情况下都要遥远的轨道，宇航员的生命安全得不到保障，又改为发射火箭将机器人送上去为其修理。但这样做的成本太高，为了压缩预算，美国国会撤去了这个方案。

有科学家称，在不延长其寿命的情况下，为了使哈勃太空望远镜安全地坠落太平洋，美国将执行一次太空飞行任务，为其安装控制用的喷射装置，相关的预算正在拟制中。

摄谱仪

将复色光分解为光谱并且能拍摄光谱照片的仪器，其部件与分光镜相同，即平行光管A、望远镜B和标度管C．区别仅在透镜L的焦平面MN处置放底板，就能把光谱的照片拍摄下来供反复仔细地比较和研究。

摄谱仪

分光仪

分光仪(Spectroscope)是将成分复杂的光分解为光谱线的科学仪器，由棱镜或衍射光栅等构成，利用分光仪可测量物体表面反射的光线。阳光中的七色光是肉眼能分的部分(可见光)，但若通过分光仪将阳光分解，按波长排列，可见光只占光谱中很小的范围，其余都是肉眼无法分辨的光谱，如红外线、微波、紫外线、X射线，等等。

通过分光仪对光信息的抓取、以照相底片显影，或电脑化自动显示数值仪器显示和分析，从而测知物品中含有何种元素。

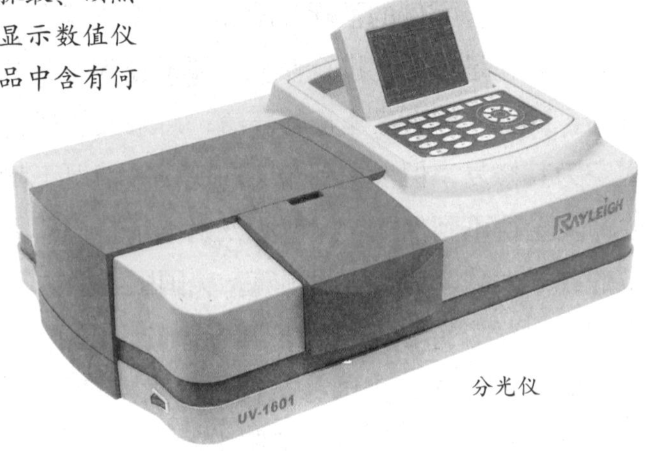

分光仪

第1章 科学与神话——太空望远镜来历

六、伟大的“哈勃”

哈勃帮助解决了一些长期困扰天文学家的问题，而且导出了新的整体理论来解释这些结果。

哈勃的众多主要任务之一是要比以前更准确的测量出造父变星的距离，这可以让我们更加准确的定出哈勃常数的数值范围，这样才能对宇宙的扩张速率和年龄有更正确的认知。

哈勃也被用来改善宇宙年龄的估计。由哈勃提供的高解析光谱和影像很明确的证实了盛行的黑洞存在于星系核中的学说。哈勃也被用来研究太阳系外围的天体，包括矮行星冥王星和厄里斯。

河外星系退行速度同距离的比值，它是一个常数，通常用H表示，单位是千米/(秒·百万秒差距)。这个比值有时简称速度－距离比，或哈勃比。哈勃定H时，应用了造父变星和星系中的最亮星来标定距离。

哈勃空间望远镜对造父变星的观测为哈勃常数的精确测量提供了保证。哈勃的精细导星传感器对造父变星进行了直接的视差测量，大大削减了用造父变星周光关系推算距离的不确定性。在哈勃空间望远镜之前，观测得到的哈勃常数有1-2倍的差异，但是在有了新的造父变星观测之后宇宙距离尺度的不确定性猛然下降到了大约只有10%，从而对宇宙的扩张速率和年龄有更正确的认知。

据国外媒体报道，自美国宇航局哈勃太空望远镜于1990年4月24日成功发射以来，到2009年为止，它已服役19年。在过去19年里，该望远镜完成了88万多次宇宙观测，对2.9万个宇宙天体拍摄了57万多张照片。

造父变星

它并未旅行至恒星、行星或其他星系，它只是以1.75万英里/小时速度环绕地球运行时不断地拍摄了大量的图片。在19年的勘测历程中，它完成了环绕地球10万多圈飞行，其间共采集39兆兆字节的数据资料，这些资料足以将两个美国国会图书馆塞满。每个月哈勃太空望远镜都将产生800多亿字节的数据资料。天文学家基于哈勃天文望远镜的观测资料发布了超过7500多份科学研究报告，成为迄今建造的生产最多科学研究的仪器装置，仅2008年科学家就发表了基于哈勃观测数据的近700篇期刊论文。19年来哈勃天文望远镜贡献了多项重大的科学发现。

猎户星云

天文学家基于哈勃天文望远镜的观测数据研究土星与星系群碰撞时，找到了暗物质存在的有力证据。他们对星系群1E0657–56进行了观测，该星系群也被称为“子弹星系群”，他们发现两组星系在重力拉伸作用下暗物质和正常宇宙物质被分离开了，这项研究首次证实了暗物质的存在，这种无形物质是无法通过望远镜进行探测的。暗物质构成了宇宙的主要质量，并构成了宇宙的底层结构。暗物质能与宇宙正常物质

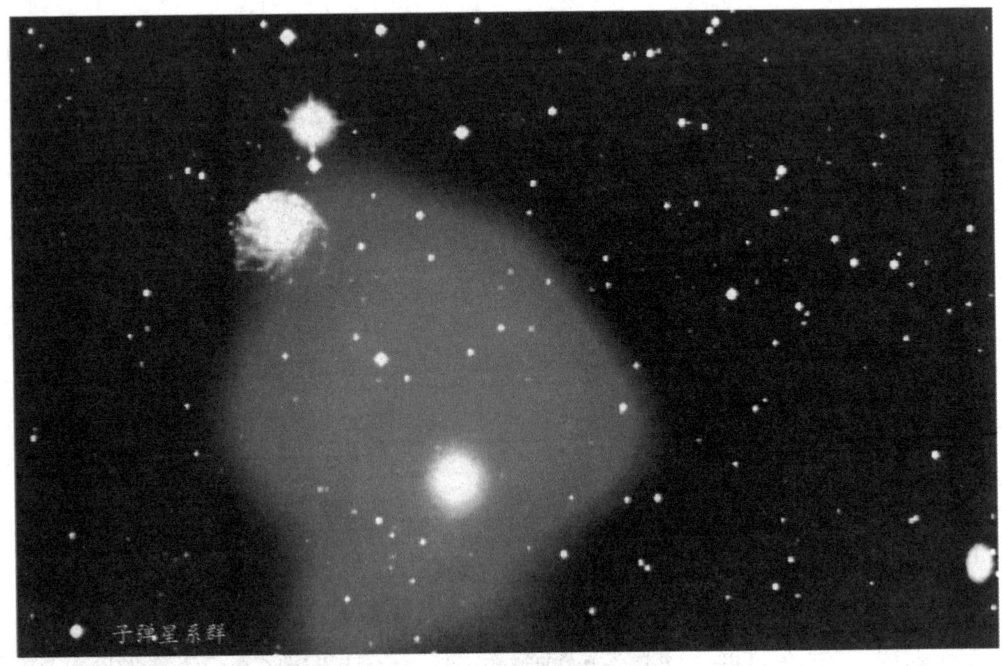

（比如气体和灰尘）发生重力交互作用，促进宇宙正常物质形成恒星和星系。

哈勃空间望远镜还有助于研究诸如猎户星云之类的恒星形成区。通过哈勃空间望远镜对猎户星云的早期观测发现，其中聚集了许多被浓密气体和尘埃盘包裹的年轻恒星。尽管已经从理论上和甚大天线阵的观测中推测出来了这些盘的存在，但是直到哈勃所拍摄的高分辨率照片才第一次直接揭示出了这些盘的结构和物理性质。

天文学家通过哈勃天文望远镜证明了行星可形成于恒星周围的灰尘盘，它的观测结果显示之前已探测一颗行星位于恒星Epsilon Eridani旁，并以地球视角的30度进行环绕，同样恒星的灰尘盘也有相同的倾斜角度。虽然天文学家长期推断行星形成于这样的灰尘盘，但这是经观测而证实的研究。

哈勃的观测还在超新星爆发和γ射线暴之间建立起了联系。通过哈勃对γ射线暴余辉的观测，研究人员把这些暴发锁定在了河外星系中的大质量恒星形成区。由此哈勃望远镜也令人信服地证明了这些剧烈的爆发和大质量恒星死亡的直接联系。

哈勃空间望远镜最早的核心计划之一就是要建立起由黑洞驱动的类星体和星系之间的关系。之后，通过它们对周围恒星的引力作用，针对“哈勃”所获得的近距星系光谱的动力学模型证实了黑洞的存在。这些研究也导致了对十几个星系中央黑洞质量的可靠测量，揭示出了黑洞质量和星系核球质量之间极为紧密的联系。2011年11月8日，借助哈勃空间望远镜，天文学家们首次拍摄到围绕遥远黑洞存在的盘状构造。这个盘状结构由气体和尘埃构成，并且正处于不断下降进入黑洞中被消耗的过程中。当这些物质落入黑洞的一瞬间，它们将释放巨大的能量，形成一种宇宙射电信号源，称为“类星体”。

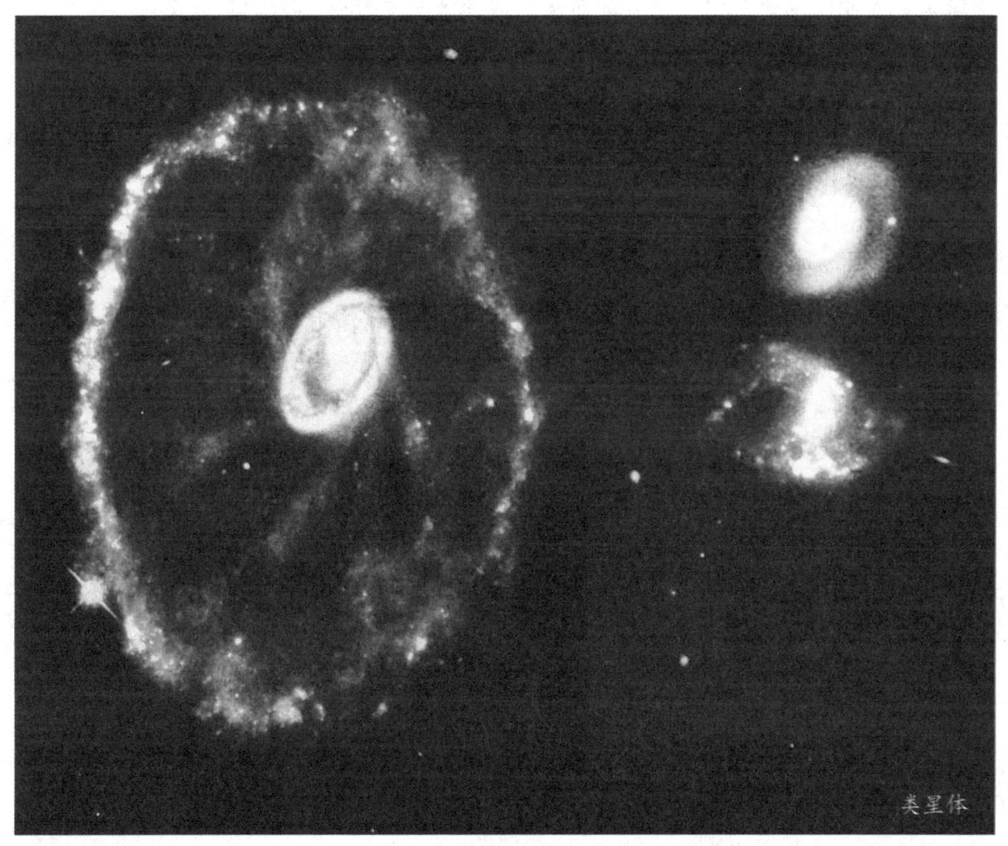
类星体

由于宇宙学的研究对象主要来自天文观测，而这也是唯一能在宇宙演化和结构的基础上测量宇宙距离和年龄的办法。哈勃空间望远镜能够通过对造父变星距离的测量来测定哈勃常数，而这与宇宙在今天的膨胀速度有关。此外，通过对超新星的测定，可以帮助研究人员来限制超新星的亮度，从而进一步限制宇宙早期膨胀的属性，从而为暗能量模型提供一个强有力的限制。

造父变星

造父变星（Cepheid variable star）是一类高光度周期性脉动变星，也就是其亮度随时间呈周期性变化。因典型星仙王座δ（中文名造父一）而得名。由于根据造父变星周光关系可以确定星团、星系的距离，因此造父变星被誉为“量天尺”。

哈勃常数

哈勃定律中河外星系退行速度同距离的比值。它是一个常数，常用H表示，单位是千米/（秒·百万秒差距），一般认为H值应在50～75之间。

暗物质

在宇宙学中，暗物质是指那些自身不发射电磁辐射，也不与电磁波相互作用的一种物质。人们目前只能通过引力产生的效应得知宇宙中有大量暗物质的存在。暗物质存在的最早证据来源于对球状星系旋转速度的观测。

现代天文学通过引力透镜、宇宙中大尺度结构形成、微波背景辐射等研究表明：我们目前所认知的部分大概只占宇宙的4%，暗物质占了宇宙的23%，还有73%是一种导致宇宙加速膨胀的暗能量。2011年5月，意大利暗物质探测无果，该研究结果质疑其它发现暗物质结果。

第2章

见证“宇宙大眼睛”——太空望远镜揭秘

◎ 神奇的望远镜
◎ 望远镜上太空
◎ 太空望远镜设计原理
◎ 太空望远镜的奇妙发现
◎ 中国的太空望远镜研究
◎ 世界各国太空望远镜研究

第2章 见证"宇宙大眼睛"——太空望远镜揭秘

一、神奇的望远镜

从望远镜的发明到太空望远镜升空，人们在过去几个世纪里做出了巨大的努力。

荷兰光学家和眼镜制造者利伯希在1608年的一天偶然发现，将两块镜片重叠并使其相隔一定远近观看时，可看见远处教堂屋顶原来几乎看不见的小鸟。他把两块镜片装在一个铜管的两头，发明了最初的望远镜。

1609年意大利佛罗伦萨人伽利略·伽利雷发明了40倍双镜望远镜，这也是第一部投入科学应用的实用望远镜。1611年，德国科学家开普勒也设计了一部望远镜，并改良了目镜，扩大了望远镜的视野，成为今日望远镜的主流。

1668年，牛顿利用光线反射的方式，发明了反射式望远镜。这是天文望远镜的一大突破，因为反射式望远镜在制造上远比折射式望远镜容易的多，并且没有折射式望远镜的色差现象，能让观测质量大幅提升。

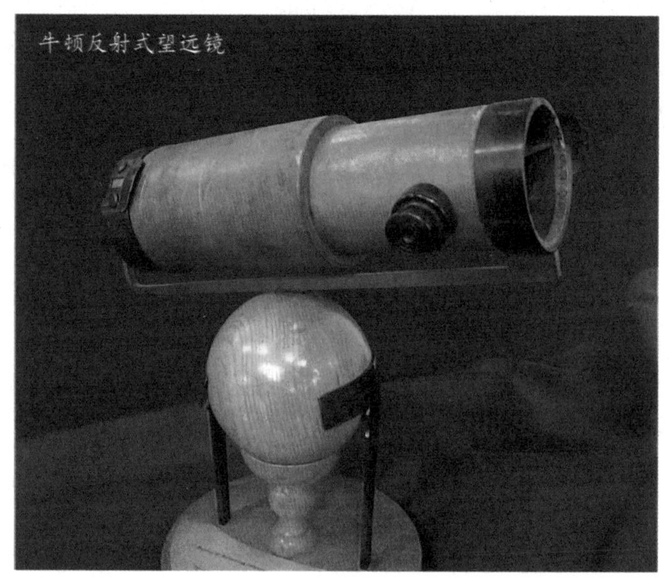
牛顿反射式望远镜

1814年，哈密顿提出在透镜组中加入反射面，以增加光焦度，可得到色差改正比消色差镜更好的望远镜，这就是最早的折反射式望远镜。

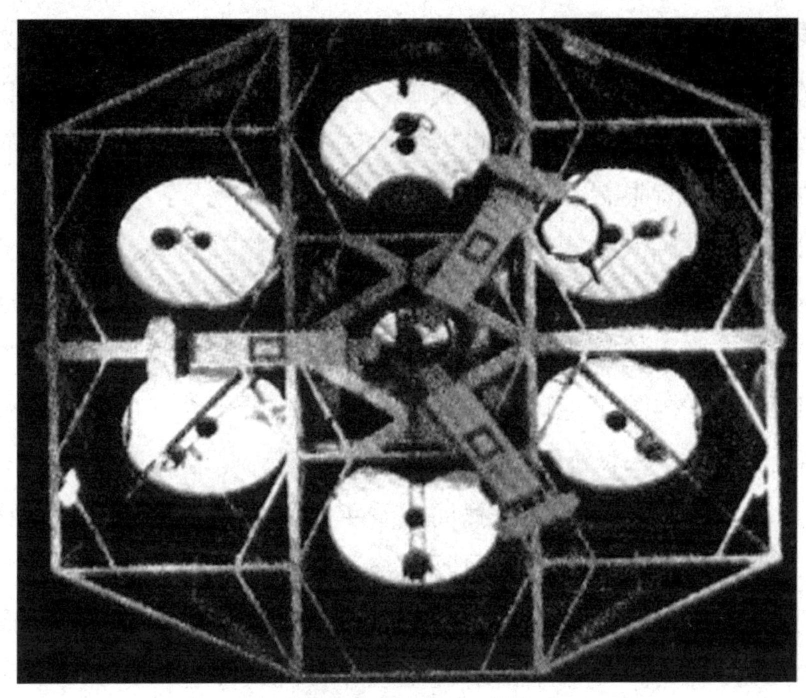

多面反射镜组成单一影像

1931年，德国B·V·施密特发明的望远镜由一形状接近平板的草帽形非球面透镜和一个凹球面镜组成。他后来的改进不是在于变动凹球面，而是在光阑处放一块与平行平板差别不大的非球面改正透镜，称施密特改正透镜。

战后，反射式望远镜在天文观测中发展很快，1950年在帕洛玛山上安装了一台直径5.08米的海尔（Hale）反射式望远镜。1969年在前苏联高加索北部的帕斯土霍夫山上安装了直径6米的反射镜。

1977年，凭借计算机的辅助，许多来自反射镜的影像可结合成单一影像。1977年设于美国亚历桑那州霍普金斯山的第一座多面反射镜望远镜（MMT）首次运行。该望远镜一排6片，直径1.8米的反射镜，可聚集到相当于直径4.5米单片反射镜所聚集之光线。

1986年，电子仪器与计算机的问世对天文学产生了深远的影响，强化的影像促使天文学许多不同新见解的产生。具有电子耦合装置的电子感应器可感测到最微弱的光学讯号，或侦测许多不同种类的辐射。经过计算机处理后，讯号被整理与加强，这些经由电子仪器观测到的讯号传递了清晰的信息。数字处理将极细微的差异放大，显现出原来被地球大气掩藏，以致肉眼看不到的东西。

1990年，拼嵌式望远镜具有成本低廉、修补时易移动的优点。美国夏威夷的凯克望远镜是由36片反射镜拼嵌成一座直径10米的望远镜。凯克望远镜所观测的物体亮度比海尔望远镜所能见到的强4倍。

1990年，排除了地球的混浊大气层的视野干扰，哈勃太空望远镜正在距离地表600千米处环绕地球运行和观测。哈勃太空望远镜是有史以来最具威力的望远镜，它让我们观看宇宙的视野起了革命性的改变。现代，计算机网际网络计算机网际网络通畅无阻，使终端个人使用者不受时间和空间的限制，就可结合全球（甚至外层空间中）的观测望远镜进行远方遥控观测。并可立刻结合先进计算机软件进行分析与数字处理。

凯克望远镜

伽利略·伽利雷

伽利略·伽利雷（1564—1642）意大利物理学家、天文学家和哲学家，近代实验科学的先驱者。是近代实验物理学的开拓者，被誉为“近代科学之父”。他是为维护真理而进行不屈不挠的战士。恩格斯称他是“不管有何障碍，都能不顾一切而打破旧说，创立新说的巨人之一”。1564年2月15日生于比萨，历史上他首先提出并证明了同物质同形状的两个重量不同的物体下降速度一样快，他反对教会的陈规旧俗，由此，他晚年受到教会迫害，并被终身监禁。他以系统的实验和观察推翻了亚里士多德诸多观点。因此，他被称为“近代科学之父”、“现代观测天文学之父”、“现代物理学之父”、“科学之父”及“现代科学之父”。他的工作，为牛顿的理论体系的建立奠定了基础。

伽利略·伽利雷

其成就包括改进望远镜和其所带来的天文观测，以及支持哥白尼的日心说。当时，人们争相传颂：“哥伦布发现了新大陆，伽利略发现了新宇宙”。今天，史蒂芬·霍金说，“自然科学的诞生要归功于伽利略，他这方面的功劳大概无人能及。”

开普勒

开普勒（1571—1630）是德国著名的天体物理学家、数学家、哲学家。他首先把力学的概念引进天文学，他还是现代光学的奠基人，制作了著名的开普勒望远镜。他发现了行星运动三大定律，为哥白尼创立的“太阳中心说”提供了最为有力的证据。他被后世誉为“天空的立法者”。

开普勒

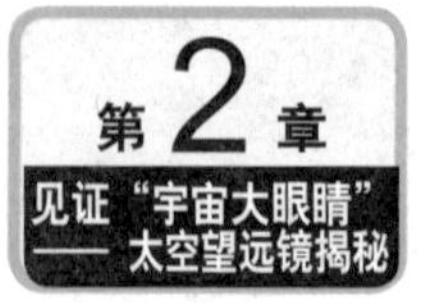

二、望远镜上太空

纵然探索浩瀚的宇宙是科学家们多年来的夙愿，但望远镜上太空还是航天航空技术发展到一定阶段才实现的。

望远镜没有"翅膀"，它不能自己"飞"到太空里去。那么它是怎么进入太空的呢?

地球上的物体受地球的引力作用而被束缚在地球表面不能离去，当物体以很大的速度绕地球圆周运动时，需要很大的向心力，这个向心力也由万有引力提供，因而物体受到的得力会相应减小，当物体的速度达到一定的速度，物体就绕着地球运动而不会落到地面。

物体脱离地球引力进入围绕太阳的轨道需要的速度叫做第二宇宙速度，物体如果进一步挣脱太阳引力的束缚，则需要更多的能量。挣脱太阳系而向太阳系以外的宇宙空间去，必须具有的最小速度叫做第三宇宙速度。

如今的所有太空望远镜都是通过搭乘火箭或装载在航天飞机的货舱中进入轨道的。有几个国家和商业组织已经具备了火箭发射能力，它们经常将重达数吨的卫星安全地送入轨道。我们前面已经介绍过哈勃太空望远镜升空的情况，发现号航天飞机升入太空。其它的太空望远镜一样，也是需要航天飞机或者火箭运载升空，然后进入一定轨道，才能在太空中遨游。

那么，太空望远镜是怎么升空后是靠什么动力运行的?它怎么与地球联系呢?

其实，与其它空间站、卫星一样，太空望远镜的动力主要是依靠太阳能。太空望远镜一般配有太阳能电池板，用来收集太阳能，以支撑其运转。

太空中的宇航员

在宇宙中遨游的卫星

美国国家航空航天局

美国国家航空航天局（National Aeronautics and Space Administration）简称NASA。它是美国联邦政府的一个政府机构，负责美国的太空计划。1958年7月29日，艾森豪威尔总统签署了《美国公共法案85—568》(United States Public Law 85—568，即《美国国家航空暨太空法案》)，创立了NASA。1958年10月1日NASA正式成立。总部位于华盛顿哥伦比亚特区。

NASA被广泛认为是世界范围内太空机构的领头羊。当时所有国防部之下非军事火箭及太空计划在总统行政命令下一起归入NASA，包括正在进行的先锋计划和探险者计划，以及美国全部科学卫星计划。原国家航空咨询委员会(NACA)的3个实验室：兰利研究实验室、刘易斯研究实验室、艾姆斯研究实验室编入NASA，更名为兰利研究中心、刘易斯研究中心、艾姆斯研究中心。爱德华空军基地的飞行试验室改名为飞行研究中心，海军研究实验室有关先锋计划的部分划归NASA，在马里兰州组建了戈达德航天飞行研究中心。

1960年6月接管冯·布劳恩领导的陆军弹道导弹局，在亨茨维尔组建马歇尔航天飞行中心，负责大型运载火箭的研究计划。尔后NASA还相继调整、组建了肯尼迪航天中心、约翰逊航天中心、太空飞行器中心。现在，NASA已成为世界上所有航天和人类太空探险的先锋。在太空计划之外，NASA还进行长期的民用以及军用航空太空研究。

万有引力定律

万有引力定律是艾萨克·牛顿在1687年在《自然哲学的数学原理》上发表的。

牛顿的普适万有引力定律表示如下：任意两个质点通过连心线方向上的力相互吸引。该引力的大小与它们的质量乘积成正比，与它们距离的平方成反比，与两物体的化学本质或物理状态以及中介物质无关。

万有引力定律是解释物体之间的相互作用的引力的定律。是物体（质点）间由于它们的引力质量而引起的相互吸引力所遵循的规律。是牛顿在前人（开普勒、胡克、雷恩、哈雷）研究的基础上，凭借他超凡的数学能力证明，1687年在《自然哲学的数学原理》上发表的。

万有引力定律的发现，是17世纪自然科学最伟大的成果之一。

美国国家航空航天局

三、太空望远镜设计原理

太空望远镜究竟是什么？为何它如此独特？它如何生成如此清晰的图像？在哪里可以看到这些图像？

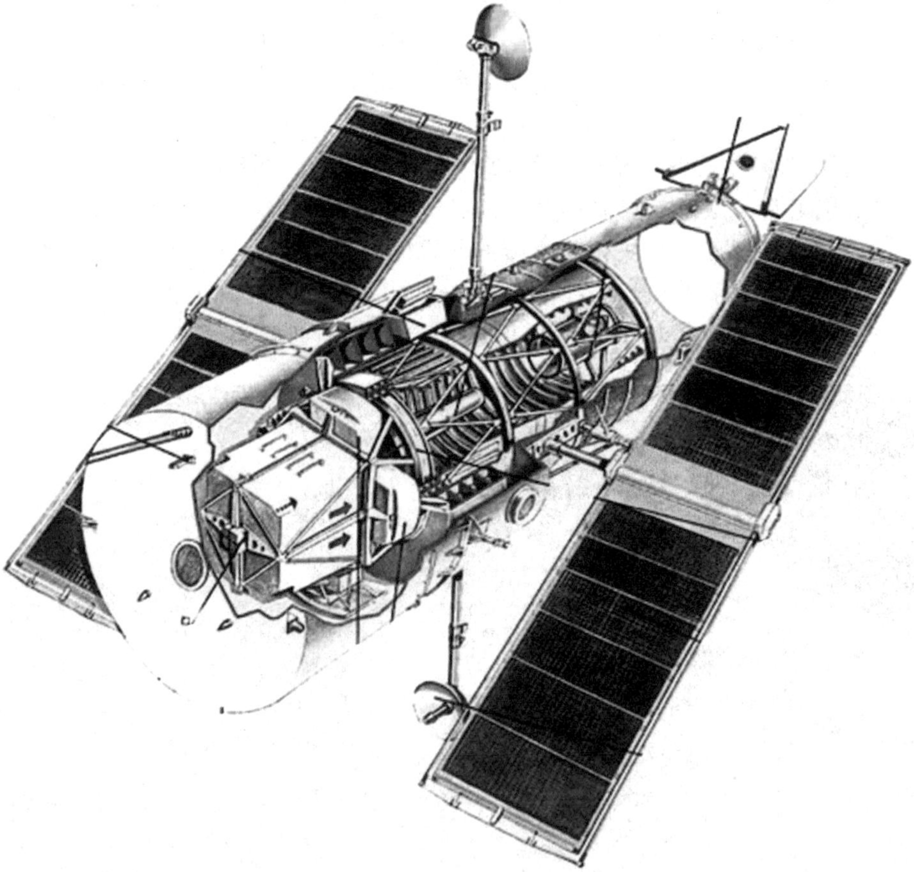

太空望远镜内部构造

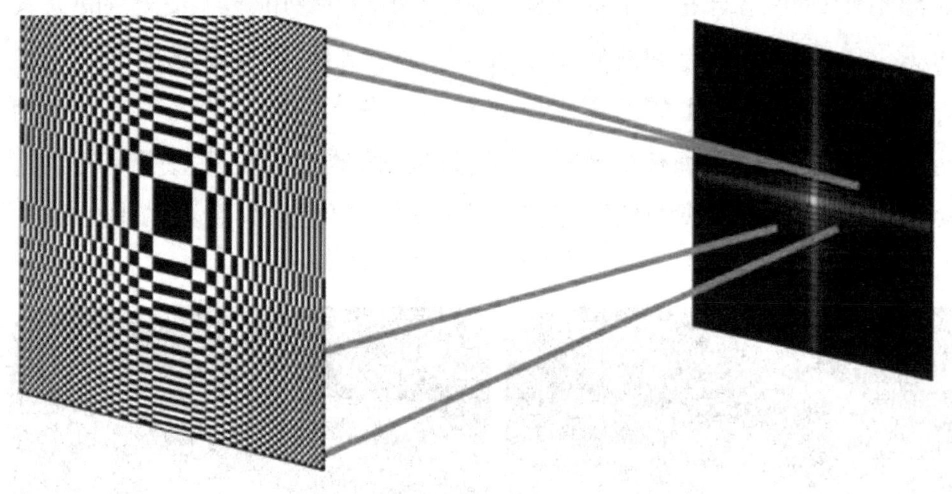

光线通过金属片的孔洞聚集成一个图像

科学家提议建造的一架太空望远镜将利用带图案的金属片来聚光，而不需镜子或透镜。而且，此望远镜将具有令人惊讶的犀利视力，能发现其它恒星周围的地球大的行星。

天文望远镜通常是用弯曲的镜子来聚光，但向太空发射时对镜子的大小就有限制，因为发射大型的物体到太空会增加成本，况且发射火箭的威力也是有限的。而这种新型望远镜采用了完全不同的方式来聚光，不需较大的主镜或透镜，而只需采用一面较小的次要镜子或透镜。

此技术诀窍是充分利用了自然光波，能导致光线围绕着物体的边缘发生弯曲。这种现象就叫“衍射”，这就是为何你能听到来自大楼角落的声音的原因。这意味着只需让光线通过不透明金属片上雕刻的某种样式的孔洞，就能让光线聚集成一个图像。其实，这类图案形的金属片早就用来聚集激光束，但一直没有应用到天文学领域。

科学家称此金属片为菲涅尔区金属板，这一命名是源于法国物理学家菲涅尔于19世纪研究了衍射现象。由法国图卢兹市一家天文台的天文学家劳伦·柯其林领导的科研小组表示，强大的“菲涅尔成像仪”只需预先将一片金属板加工成菲涅尔模式，固定在牢固的框架上，再发射到太空就大功告成。配备有摄像机和其它科学仪器的太空船将坐定在其聚集点上，和“菲涅尔成像仪”保持一定距离，并记录其观察结果。

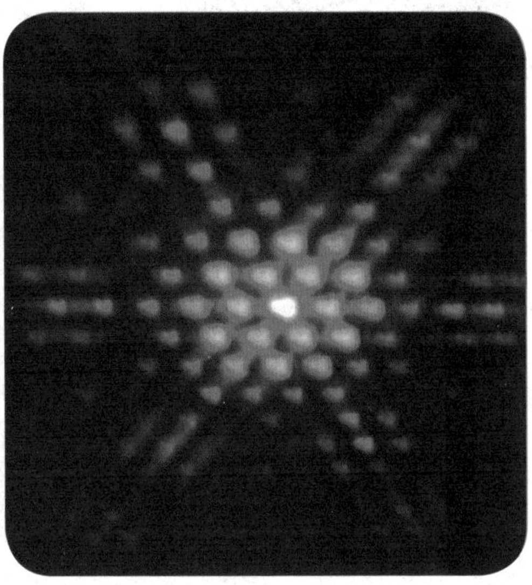

衍射现象

衍射

衍射又称为绕射，波遇到障碍物或小孔后通过散射继续传播的现象。衍射现象是波的特有现象，一切波都会发生衍射现象。

波在传播过程中经过障碍物边缘或孔隙时所发生的传播方向弯曲现象。孔隙越小，波长越大，这种现象就越显著。大气中的华和宝光等都是衍射现象。

第2章
见证“宇宙大眼睛”
—— 太空望远镜揭秘

四、太空望远镜的奇妙发现

除了各种枯燥的科学理论的证明，太空望远镜最有趣的发现就是它们拍摄下来了各种各样的超越人类想象的图片。

在这方面，哈勃太空望远镜贡献最多。

当我们的视线穿越重重星系，聚焦在距离地球3000光年的太空，一颗璀璨的星系便随之映入眼帘，它就是著名的猫眼星系。它位于天龙座星云，特别之处在于其结构是已知星云中最为复杂的一个。哈勃太空望远镜拍得的图像显示，猫眼星云拥有绳结、喷柱、弧形等各种形状的结构。

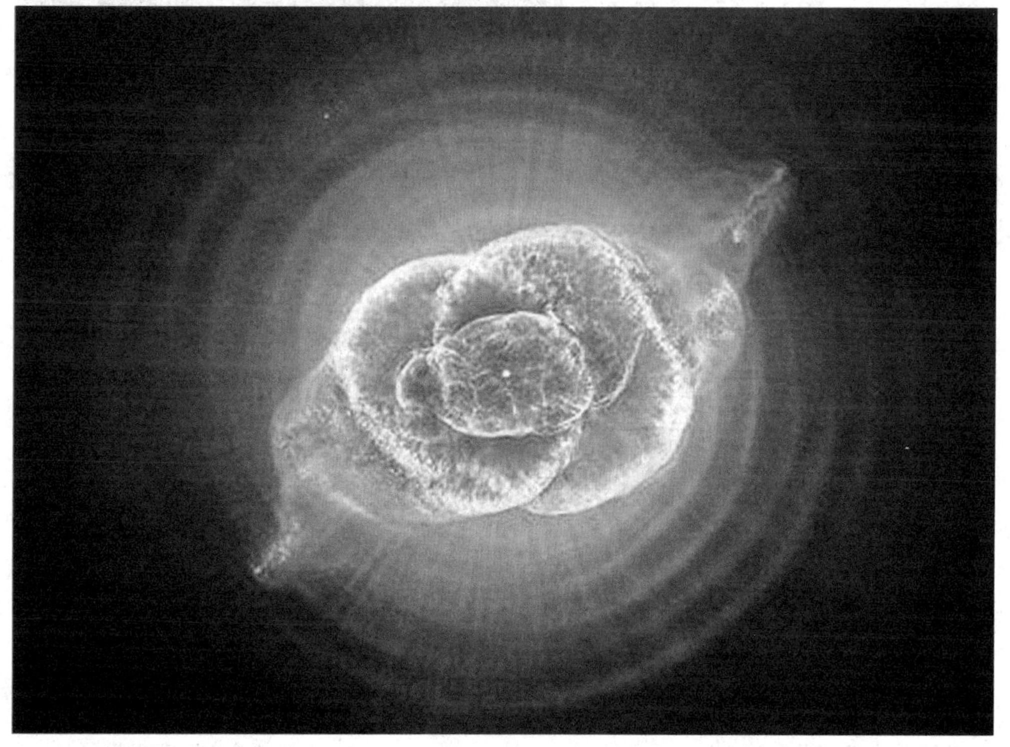

猫眼星云

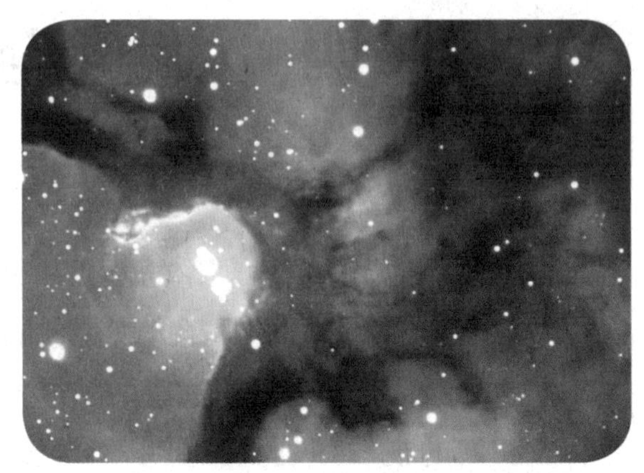
海马太空星尘

图中好似海马的物质，是距离我们20光年外太空的一种太空粒子微尘。这幅照片拍摄于我们的邻居大麦哲伦云，一个恒星聚集群蜘蛛星云附近。

开普勒太空望远镜拍摄的部分银河系照片

这是2009年4月16日由美国航天局公布的“开普勒”太空望远镜拍摄的银河系照片的一小部分。在这张照片中，可以看见距离地球13000光年的80亿“岁”的星群NGC6791。美国东部时间2009年3月6日，美国“开普勒”太空望远镜在美国卡纳维拉尔角空军基地发射升空。

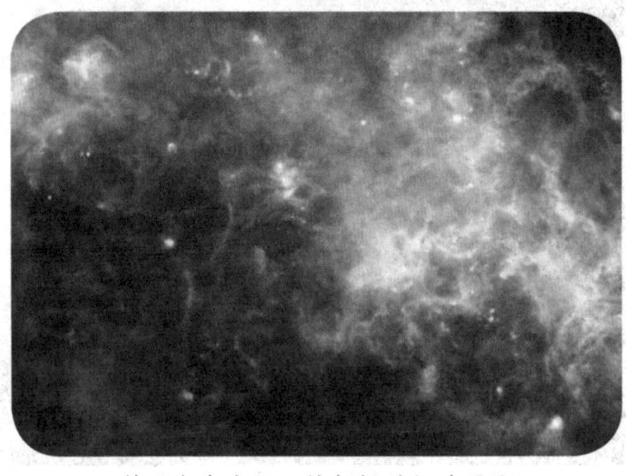
赫歇尔太空望远镜拍摄的红外图像

北京时间2011年4月19日消息，欧洲航天局赫歇尔太空望远镜近日在星际云中发现了一种如网络般的错综复杂的气态丝状结构。奇特的是，每一个丝状结构宽度大概相同。天文学家认为，这一现象表明，这种丝状结构可能是由贯穿于银河系的星际音爆形成的。

麦哲伦云

麦哲伦云Magellanic clouds，银河系的两个伴星系。在北纬20°以南的地区升出地平面。它们是南天银河附近两个肉眼清晰可见的云雾状天体。大的一个在剑鱼座和山案座，约6°大小，相当于12个月球视直径；小的一个在杜鹃座，张角约2°，相当于4个月球视直径；两个云在天球上相距约20°。大小麦云属于最近的星系之列，这使我们能周密地分析它们的成员天体，因而它们是重要的天文观测对象，也是星系天体物理资料的重要来源。

10世纪时的阿拉伯人和15世纪时的葡萄牙人远航到赤道以南时，都曾注意到南天星空中这两个云雾状天体，称之为“好望角云”。葡萄牙航海家麦哲伦于1521年环球航行时，首次对它们作了精确描述，后来就以他的姓氏命名。大云叫大麦哲伦云，简称大麦云(LMC)；小云叫小麦哲伦云，简称小麦云(SMC)；合称麦哲伦云。

五、中国的太空望远镜研究

作为天文研究地盘的太空望远镜，大部分皆为欧美国家所发射(只有少许例外地由日本发射)。在地球大气外装设观测设施有两大好处，首先，影像可更为清晰，否则大气的阻隔会使影像变得模糊（情形就像身处充满蒸气的浴室之中）；其次，我们可以侦察到那些从恒星和星系而来，却被大气层阻挡着的辐射，例如紫外线、X射线和伽玛射线。虽然我们有赖大气层保护免受太阳紫外线和X射线的灼伤，但是这也意味着如果我们留在地面上，便会错失大量来自宇宙的信息。

酒泉卫星发射中心

神舟二号

2001年初神舟二号轨道舱搭载了太阳能和宇宙高能辐射监测系统，使中国的空间天文学跨进新的里程。不载人的神舟二号是中国为载人飞行作准备的五艘宇宙飞船中的第二艘，它在北京时间2001年1月10日凌晨1时于甘肃省酒泉卫星发射中心由长征二号火箭发射，这次发射也标志了21世纪首次的火箭升空。宇宙飞船的返回舱在环绕地球108次后，在北京时间1月16日19时22分返回地球，而轨道舱则由太阳能电池板供应电力，在轨道上继续运行将近6个月，当中并进行了太空环境研究的实验。轨道舱更首次载有轨道天文望远镜，研究来自太阳甚至宇宙深处爆炸所发出的高能辐射。

中国科学院高能物理研究所的宇宙线和高能天体物理开放实验室自1993年开始，和南京大学共同研制这台轨道望远镜。望远镜有三组由中国自行设计和建造的探测器，探测范围涵盖软X射线至伽玛射线的辐射。望远镜每92分钟沿距离地面350千米左右的近地轨道围绕地球一周，所接收的数据会传送回位于北京附近的密云县地面接收站。三组探测器中获得最丰硕科学成果的，可算是由宇宙线和高能天体物理开放实验室所研制的X射线探测器。每当X射线暴的光子撞到探测器上，便会触发探测器收集数据。探测器在运作期间，共录得664次撞击，研究小组由此识别并记录了近百次太阳耀斑的变光曲线（当神舟二号在轨道上面向太阳时）和约30次伽玛射线爆发，大部分观测结果跟其它人造卫星所测得的类似。

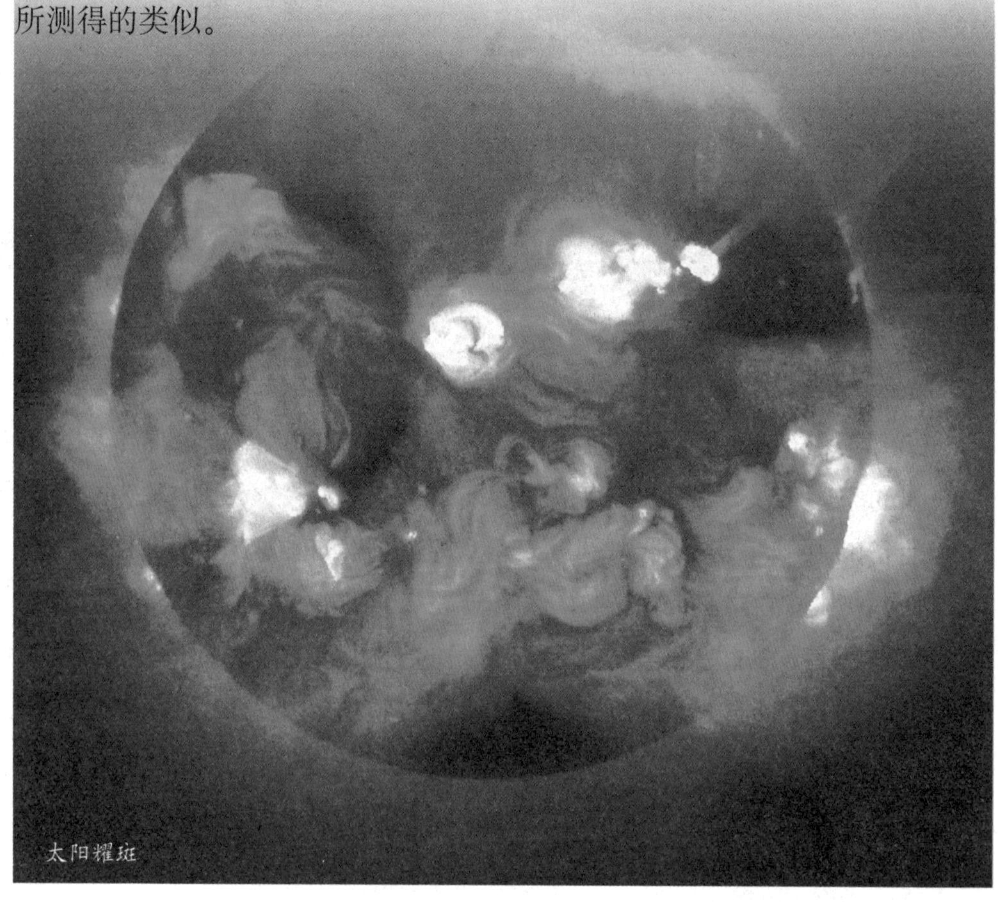
太阳耀斑

耀斑是太阳大气层表面短暂的爆发现象。探测器在2001年4月2日录得有记录以来最强大的X射线耀斑。另一方面，伽玛射线爆发是发生在宇宙深处一种最强烈的爆炸，虽然至今人们还未弄清它们的来源，但是这并没有令天文学家放弃推测，其中的一些猜想，包括比太阳质量大60倍的巨型恒星正在塌缩、两颗中子星合并，或是中子星变为奇异星。

中国首次在轨道进行的天文观测虽然带来许多令人鼓舞的结果，但仍有不少可以更进一步。例如，在余下的神舟号飞行任务中，并无搭载其它天文仪器的安排，要是如果中国首次载人太空任务中能带同一台望远镜就非常理想了！当然，下一步首先应是发射专门用作天文研究的卫星，目前有几个计划正处于策划阶段，包括建造一枚作硬X射线巡天观测的卫星（硬X射线调制望远镜，HXMT）和一枚“微型卫星”（重量不逾100千克），来研究恒星和星系的长期变化（空间变源监视器，SVOM）。我们希望能在5～10年间庆祝中国发射首枚天文卫星吧。

硬X射线调制望远镜

在973计划支持下的中国首台太空望远镜，目前各项关键技术问题都已经解决，同比例的样机也已经完成。这台超级望远镜计划在2011年左右发射升空，将与美国“哈勃”太空望远镜一起遨游宇宙。

据介绍，中国首台空间天文望远镜1:1地面样机的关键部分，是由中科院高能物理所和清华大学研制的。它和美国的“哈勃”望远镜不同，它不是光学望远镜，而是一台“硬X射线调制望远镜”，所以并没有光学望远镜那种镜片的外形和结构，但它可以看得更深远，如同X光机能透视到人的骨骼和内脏，它可以发现光学望远镜所看不到的宇宙黑洞。

20世纪70年代美国发射了第一台太空软X射线望远镜，由此实现了前所未有的太空X射线源大发现，并获得了诺贝尔奖。而硬X射线比软X射线有更多的优势。

报道说，值得称道的是，中国首台太空望远镜采用中国科学家发明的直接解调方法，用准直探测器扫描成像，是中国自主创新的技术路线，比当前国际上采用的编码孔径技术成像的质量更好、精度更高，而成本要低5～10倍。

按照中国《航天发展“十一五”规划》，这台超级望远镜将于2011年左右发射升空，中国将有可能赶在欧美下一代黑洞探测卫星之前，发现大批黑洞和其他大质量天体。

据介绍，硬X射线与软X射线是以波长做区分的，硬X射线波长比软X射线的短，因此能量更高，透视能力也更强。一般医院中用来做胸透的就是软X射线，而铁路系统等用来检查货物的一般是硬X射线。

伽玛射线

γ射线，又称γ粒子流，是原子核能级跃迁蜕变时释放出的射线，是波长短于0.2埃的电磁波。γ射线有很强的穿透力，工业中可用来探伤或流水线的自动控制。γ射线对细胞有杀伤力，医疗上用来治疗肿瘤。2011年英国斯特拉斯克莱德大学研究发明地球上最明亮的伽马射线——比太阳亮1万亿倍。这将开启医学研究的新纪元。

神舟二号

2001年1月16日19时22分，我国第二艘无人飞船神舟二号在内蒙古中部地区成功着陆。至此，飞船按预定计划，在太空飞行了7天。围绕着飞船的测控和回收，我国航天测控人员决战太空，展开了紧张的工作。

长征系列运载火箭

中国自1956年开始展开现代火箭的研制工作。1964年6月29日，中国自行设计研制的中程火箭试飞成功之后，即着手研制多级火箭，向空间技术进军。经过了五年的艰苦努力，1970年4月24日长征1号运载火箭诞生，首次发射东方红1号卫星成功。中国航天技术迈出了重要的一步。“长征”系列火箭已经走向世界，享誉全球，在国际发射市场占有重要一席。

诺贝尔奖

诺贝尔奖是以瑞典著名的化学家、硝化甘油炸药的发明人阿尔弗雷德·贝恩哈德·诺贝尔的部分遗产（3100万瑞典克朗）作为基金创立的。诺贝尔奖分设物理、化学、生理或医学、文学、和平五个奖项，以基金每年的利息或投资收益授予前一年世界上在这些领域对人类作出重大贡献的人，1901年首次颁发。

诺贝尔奖包括金质奖章、证书和奖金。1968年，在瑞典国家银行成立300周年之际，该银行捐出大额资金给诺贝尔基金，增设“瑞典国家银行纪念诺贝尔经济科学奖”，1969年首次颁发，人们习惯上称这个额外的奖项为诺贝尔经济学奖。

诺贝尔奖

六、世界各国太空望远镜研究

用来替代哈勃望远镜的下一代太空望远镜(NGST)的开发和部署是美国航空与航天局(NASA)为推进宇宙探索的一个挑战性项目。NGST上装配一个包括0.6～5微米多目标分光计的照相机/分光计系统。为从太空的不同区域有选择地将光线引导至分光计，采用可独立寻址的微电子机械反射镜阵列作为分光计的狭缝掩模。研究人员设计了一套能够满足系统要求的集成微反射镜阵列(MMA/CMOS)驱动器芯片。样机的芯片构造和检测结果均符合预期要求。欲构建完全基于MEMS的狭缝掩模，设计要求4片大规模集成芯片以2×2镶嵌方式精确排列(至少为9×9厘米)。另外，必须在低温条件下掩模才能发挥作用。上述要求对集成MEMS芯片的封装提出了严峻的挑战。

哈勃太空望远镜

作为美国和墨西哥有史以来最大的科学合作项目，工人们正在墨西哥的一座火山顶上建造一台巨型太空望远镜，这台望远镜可帮助天文学家回顾宇宙130亿年的历史并探寻宇宙诞生时的奥秘。

这一望远镜拥有165英尺长的天线，总耗资近1.2亿美元。这座泛着白色微光的建筑看上去像一个巨大的卫星天线，坐落在海拔15000英尺的火山顶上。

高耸入云的望远镜可以捕获毫米级的微波射线，这种射线在宇宙中旅行了近130亿年。天文学家可使用所获信息对大爆炸不久之后存在的宇宙进行深入的了解。

墨西哥国家天文光学和电子学研究所的项目科学家称：“我们将能对星系的构造过程拥有一个崭新的视角。一旦望远镜开始运作后，我们几乎每天都可能获得突破性发现。”

科学家们也能搜集临近星系的最新数据并检查其所有的行星和恒星，看那里是否存在着什么。

目前，美国已经在此项目上投入3800万美元，其中3100万美元来自国防部高级研究项目局，这是五角大楼的核心研究与开发机构。美国上院武装力量委员会于1995年首次划拨用于建造望远镜的经费。在当年的报告中，委员会如此陈述：“这一设计可大幅提高在太空中发现及识别目标的能力。”

美国望远镜项目科学家认为这意味着：由于这一望远镜实际上是一部巨大的带有传感器的天线，可以捕获微波信号。军方可以学习借用这一技术来建造供其自己使用的天线。军方也许想用这些天线来进行太空监测，这是一个发现别人太空活动的好办法。

墨西哥国家自治大学的一位天文学家称，只要项目本身不用于特定的军事用途，她对此就没什么意见。她说：“科学技术和军事总是存在着密切的联系。重要的是获得资助，我们拥有很多富有天赋的年轻科学家以及安装望远镜的良好地点。”来自国防部的投资也曾帮助引发了各项民用技术的创新——比如英特网就是例子。对五角大楼参与墨西哥望远镜工程的担心并没有引发大规模的抗议行动。

但对墨西哥和美国的建设者而言，要在高达15000英尺上头建造巨型望远镜的确是个挑战。考虑到所在的海拔，所有的工人都定期接受测试，看他们的血液中是否含有足够的氧气，假如他们的含氧量下降得过快，就会把他们紧急送下山。工程队必须在这座多风的死火山上浇筑13000吨水泥。

据美国太空网报道，如果想获取远在半个地球以外的一个导弹发射车的实时录像，美国军方必须派遣侦察机或者无人机，冒着被击落的危险前去侦察。为了解决这个问题，五角大楼正在研制同步轨道太空望远镜，能够拍摄地球上任何地点的实时照片或者录像。

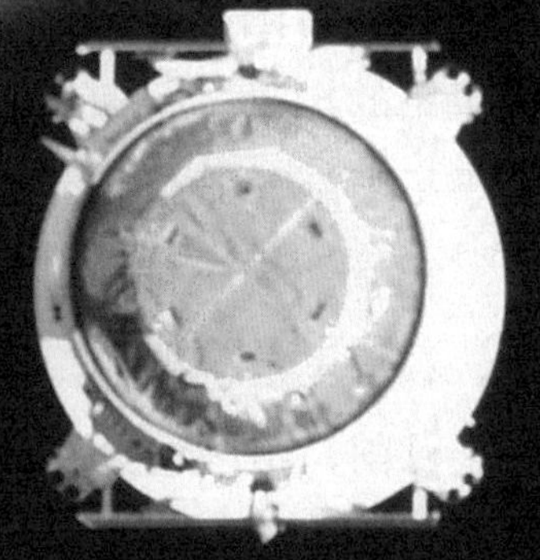

与好莱坞大片表现的侦察卫星不同，现在的侦察卫星高速环绕地球轨道运行，所在高度相对较低，只能为美国军方和情报部门拍摄照片。拍摄某个地点的实时录像需要使用处在同步轨道——据地面大约合3.6万千米——的卫星。然而，研制和发射采用巨大光学阵列，能够在这一轨道获取地面细节的太空望远镜也面临相当难度。

为了解决这个问题，五角大楼国防高级研究计划局(以下简称DARPA)构想了一个轻型光学阵列，由柔软可弯曲的膜构成，能够部署到太空。作为与DARPA签署的一项近3700万美元合约的一部分，总部设在科罗拉多州玻尔得的鲍尔宇航公司刚刚完成一次早期概念验证评估。公司总裁和首席执行官大卫·泰勒表示：“使用光学膜是制造大孔径望远镜的一种空前方式。”

DARPA希望最终打造的太空望远镜集成孔径的直径接近20。相比之下，美国宇航局的詹姆斯-韦伯太空望远镜的孔径只有6.5米。根据DARPA的合约，这架望远镜能够侦察到地面上以时速60英里(约合每小时96千米)的速度行驶的导弹发射车。此外，所拍照片的解析度需要达到一个像素能够显示地面上长度不到3米的物体。

在这一项目的第二阶段，鲍尔公司必须制造和测试一架尺寸5米的望远镜。在第三阶段，他们还需要向轨道发射一架10米的望远镜，进行飞行测试。如果一切顺利进行，美国军方指挥官和情报部门可能在将来的某一天获取世界上任何战场和冲突地区的实时录像和照片。这种能力将成为造价低廉的无人机的一种补充，进一步提高战场侦察能力。有了这种望远镜，即使无人侦察机在伊朗或者其他国家上空坠毁，美军的侦察能力也不会受到很大影响。此外，宇航局也希望采用类似方式研制成本更低的太空望远镜。

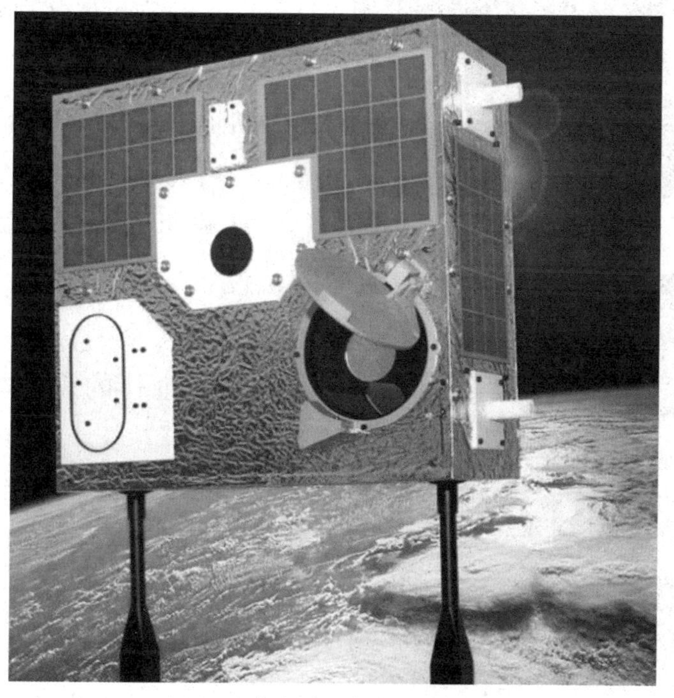

加拿大首台太空望远镜

除了美国外积极发展太空望远镜技术外，世界各国也纷纷开始对太空望远镜的研发。

加拿大首台太空望远镜于2003年从俄罗斯的普列谢茨克航天基地上天。这台太空望远镜由加拿大不列颠哥伦比亚大学研制，直径只有一个装甜点的盘子那么大，是世界上最小的太空望远镜，但功能却非常强大。

宇航局人员说，这台望远镜能对宇宙中各种星体的亮度作出准确无比的测量。科学家们可以通过它第一次探测太阳系外行星的大气层，并得知它们所围绕的恒星的年龄，以此进一步推断宇宙的年龄。

日本首台太空望远镜将由日本第三代太阳观测卫星“阳光B”搭载，于2006年夏天发射升空。新开发的太空望远镜是一种反射望远镜，镜头直径为50厘米，可用可视光观测太阳周围的电离气体形成的日冕。太空望远镜搭乘的太阳观测卫星“阳光B”将在离地球600千米的轨道上运行。这台新望远镜的开发费用为23亿日元。

日本首台太空望远镜

日本国立天文台副教授末松芳法说：“这是日本国立天文台第一次开发太空望远镜。这台望远镜在地面进行的观测太阳试验中效果良好。

韩国首台太空望远镜

韩国首台太空望远镜是韩国同美国国家航空航天局以及加利福尼亚伯克利大学从1998年开始共同研制的，发射后将在宇宙空间运行两年时间，并将在世界上首次绘制出远红外领域的“全天地图”，这一观测任务将由韩国和美国的研究人员共同承担。

韩国天文研究院方面表示，如果“全天地图”绘制成功，将对揭示21世纪天文宇宙科学领域内的难题之一银河系内部的高温气体结构、分布以及物理性质乃至对银河系产生和进化的研究起到重要的作用。

知识卡片

普列谢茨克航天发射场

普列谢茨克航天发射场是俄罗斯境内的一座航天发射场，位于俄罗斯白海以南300千米阿尔汉格尔斯克州，距莫斯科以北约800千米。它是俄罗斯第一个航天发射场，是世界上发射卫星最多的发射场，发射次数占全世界总数一半以上。其发射量约占世界航天器发射总量的40%，占俄罗斯卫星发射总量的60%。

1957年，苏联在此秘密建造了洲际弹道导弹基地，此后，该基地几乎承担了俄军所有重要导弹和卫星的发射任务。它是俄内陆唯一一个拥有现役航天发射场的基地，在这里不仅发射过几十枚俄军最新型的“白杨—M”型弹道导弹，而且储存了俄罗斯60%的核弹头，总量达数千枚。

微波通信

微波通信是使用波长在0.1毫米～1米之间的电磁波——微波进行的通信。微波通信不需要固体介质，当两点间直线距离内无障碍时就可以使用微波传送。利用微波进行通信具有容量大、质量好并可传至很远的距离，因此是国家通信网的一种重要通信手段，也普遍适用于各种专用通信网。

微波通信

五角大楼

五角大楼位于华盛顿哥伦比亚特区西南部波托马克河畔的阿灵顿区，是美国最高军事指挥机关—美国国防部的总部所在地，地理坐标为38° 52′ 15.60″ N、77° 03′ 21.52″ W。

从空中俯瞰，该建筑呈正五边形，故名“五角大楼”。它占地面积235.90万平方米，大楼高22米，共有6层，总建筑面积60.80万平方米，使用面积约34.40万平方米，当时造价8700万美元，1943年4月15日建成，同年5月启用，可供2.3万工作人员（包括军人、文职人员）在此办公。

楼内走廊总长度达28千米，电话线总长至少16万千米，每天至少有20万个电话进出，每天接收邮件逾120万封。楼内设施齐全，各种时钟4200个，饮水器691个，盥洗室284间，各种电灯16250个，餐厅、商店、邮局、银行、书店等服务设施也一应俱全；楼外的4个大停车场可停放汽车约1万辆。另外，五角大楼包含有一个20000平方米大小的中心广场，广场呈五边形，非正式的称呼是“零地带”。

第3章

可爱？可恨？——不完美的太空望远镜

一、遥看宇宙

光学望远镜的放大倍数是指被观测物体的张角，在经过望远镜的光学系统后被扩大多少倍。比如1000米外一个1米大小的物体，肉眼直接观测时，其张角约为0.001弧度；用放大倍数为10倍的望远镜观察该物体，其张角为0.01弧度，相当于肉眼从100米外观察该物体。

放大倍数的计算公式如下：M=F/f，其中M表示放大倍数，F表示物镜的焦距，f表示目镜的焦距。望远镜的放大倍数通常刻在镜身上，用倍数×物镜口径来表达。比如8×30，表示该望远镜放大倍数为8倍，物镜口径为30毫米。

一般的物镜

哈勃望远镜可以看到130亿光年以外的太空，它上面的广角行星相机可拍摄到几十到上百个恒星照片，其清晰度是地面天文望远镜的10倍以上。如果光是数字让大家很难真切感受到哈勃的厉害之处，那么我们可以通过这样一个例子感受哈勃。科学家介绍，哈勃的观测能力等于从华盛顿看到1.6万千米外悉尼的一只萤火虫。

哈勃太空望远镜

哈勃号太空望远镜镜筒的前部是光学部分，后部是一个环形舱，在这个舱里面，望远镜主镜的焦平面上安放着一组科学仪器；太阳电池帆板和天线从筒的中间部分伸出。

望远镜的光学部分是整个仪器的心脏。光线投射到主镜上的光线首先反射到副镜上，然后再由副镜射向主镜的中心孔，穿过中心孔到达主镜的焦面上形成高质量的图像，供各种科学仪器进行精密处理，得出来的数据通过中继卫星系统发回地面。

除了光学部分，望远镜的另外一个主要部分就是装在主镜焦平面上的八台科学仪器，分别是：宽视场和行星照相机、暗弱天体照相机、暗弱天体摄谱仪、高分辨率摄谱仪、高速光度计和三台精密制导遥感器。

这些科学仪器是为望远镜在最初几年运转期间所配备的。为了使太空望远镜能够充分利用最新技术成果，焦平面上的这些仪器设计成可作各种不同组合和更换方式。在望远镜工作期间，可以通过航天飞机上的航天员进行维修更换，必要时，也可以用航天飞机将整个望远镜载回地面作大的修理，然后再送入轨道。太空望远镜的寿命按设计要求至少15年，估计实际可达几十年。

宇航员出舱维修哈勃

太空望远镜在距地面500千米的太空上进行观测，不仅不受恶劣气候的影响，每天都可以进行观测，而且摆脱了地球大气的干扰，能够达到地面上任何望远镜也达不到的高灵敏度和高分辨能力。

物镜

物镜是由若干个透镜组合而成的一个透镜组。组合使用的目的是为了克服单个透镜的成像缺陷，提高物镜的光学质量。显微镜的放大作用主要取决于物镜，物镜质量的好坏直接影响显微镜映像质量，它是决定显微镜的分辨率和成像清晰程度的主要部件，所以对物镜的校正是很重要的。

分辨率

分辨率（港台地区称之为解析度）就是屏幕图像的精密度，是指显示器所能显示的像素的多少。由于屏幕上的点、线和面都是由像素组成的，显示器可显示的像素越多，画面就越精细，同样的屏幕区域内能显示的信息也越多，所以分辨率是个非常重要的性能指标之一。可以把整个图像想象成是一个大型的棋盘，而分辨率的表示方式就是所有经线和纬线交叉点的数目。

高分辨率图片

第3章
可爱？可恨？——不完美的太空望远镜

二、解密星空

1999年4月，利用哈勃望远镜拍摄的深空图像，美国纽约州立大学斯托尼布鲁克分校的研究人员发现了宇宙边缘附近有一个距离地球130亿光年的古老星系。利用全新的近红外仪器，透过茫茫的星际，人们发现了“皮斯托”星，这是至今发现的最大的一个天体。利用哈勃望远镜的宽视场和行星摄像机，科学家获取了第一张伽玛射线爆发的光学照片；哈勃望远镜上的超级摄谱仪又向人们揭示了超新星的化学成分。

哈勃望远镜所收集的图像和信息，经人造卫星和地面数据传输网络，最后到达美国的太空望远镜科学研究中心。利用这些极其珍贵的太空图像和宇宙资料，科学家们取得了一系列突破性的成就。沉寂多年的天文学领域，正发生着天翻地覆的变化。

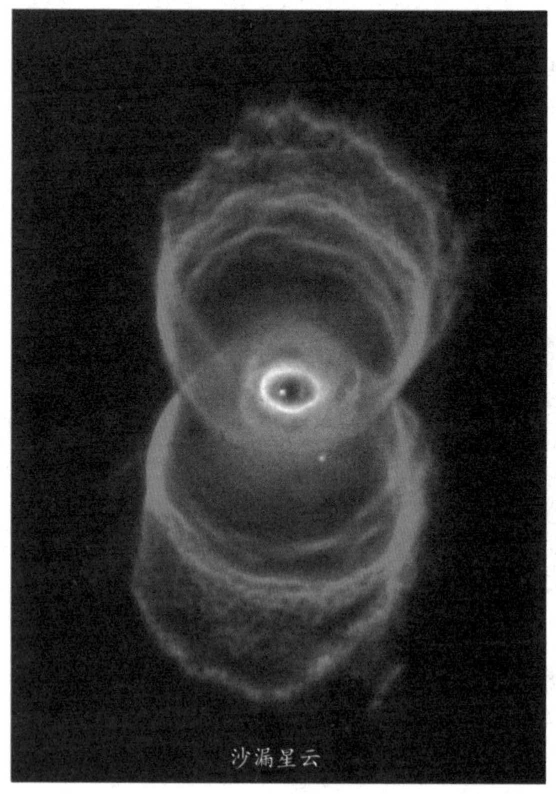
沙漏星云

哈勃太空望远镜于1990年发射升空，在长达19年的服役期间，分别在1999年和2008年发生过两次极为严重的故障。但人们通过不懈的努力，使其至今仍遨游太空，继续向地球传回大量的照片，为人类探索宇宙做出不可磨灭的贡献。

沙漏星云(MyCn18)是位于南天的苍蝇座，距离地球8000光的年轻行星状星云。因星云中心有沙尘般的物质外溢，好似沙粒在沙漏中移动而得名。当其内部核燃料耗尽，这个如同太阳般的恒星会首先在中心冷却，褪变成为白矮星。

草帽星系是位于室女座，距离地球2800万光年，又称阔边帽星系、墨西哥帽星系。因星系中央隆起明亮的核与核附近像草帽的帽檐般向四周辐射散开的宇宙灰尘，使其看起来好似一顶墨西哥草帽而得名。

麒麟座v838恒星因好似梵高名作《星空》中所描绘的景象而闻名。图中央红色核心为恒星本身，周围结构为被照亮的尘埃云。该恒星曾于2002年初爆发，最初认为是一个典型的新星爆发，但后来被学者所摒弃，因为v838恒星并没有激烈地把气体外壳掀掉、而是在迅速膨胀的同时仍然保留着原来的外壳，成为一颗表面温度较低的超巨星。

麒麟座V838恒星

梵高

文森特·威廉·梵高（1853－1890），荷兰后印象派画家。他是表现主义的先驱，并深深影响了20世纪艺术，尤其是野兽派与德国表现主义。梵高的作品，如《星夜》、《向日葵》与《有乌鸦的麦田》等，现已跻身于全球最具名、广为人知与昂贵的艺术作品的行列。

1890年7月29日，梵高终因精神疾病的困扰，在美丽的法国瓦兹河畔结束了其年轻的生命，是年他才37岁。

梵高

梵高的《星空》

星夜，即夜间的意思。1889年荷兰后印象派画家文森特·梵高于圣雷米的一家精神病院里创作的一幅著名油画《De sterrennacht》（荷兰语），也被译为《星夜》或《星月夜》。该油画被广泛认为是其代表作之一，现藏于纽约现代艺术博物馆。

三、昂贵的造价

与其它航天航空产品一样，太空望远镜的造价极高，须集大量的人力物力，耗费大量时间。

有资料显示，哈勃原始的总预算，大约4亿美金，但到现在的花费超过25亿美金，哈勃的成本依然在不断的累积与增高。美国政府估计的开销将高达45至60亿美金，欧洲所挹注的资金也高达6亿欧元（1999年的估计）。但其实，这些高成本背后已经是进行了各种节约了。

哈勃的备用镜片

在1974年，在裁减政府开支的鼓动下，所有进行空间望远镜的预算被剔除了。为回应此次危机，天文学家协调了全国性的游说努力。许多天文学家亲自前往拜会众议员和参议员，并且进行了大规模的信件和文字宣传。国家科学院出版的报告也强调空间望远镜的重要性，最后参议院决议恢复原先被国会删除的一半预算。

资金的缩减导致目标项目的减少，哈勃镜片的口径也由3米缩为2.4米，以降低成本和更有效与紧密的配置望远镜的硬件。原先计划作为先

哥伦比亚号航天飞机

期测试，放置在卫星上的1.5米空间望远镜也被取消了，对预算表示关切的欧洲航天局也成为共同合作的伙伴。欧洲航天局同意提供经费和一些望远镜上需要的仪器，像是作为动力来源的太阳能电池，回馈的是欧洲的天文学家可以使用不少于15%的望远镜观测时间。在1978年，美国国会拨付了360000000元美金，让大型空间望远镜开始设计，并计划在1983年发射升空。

因为在光学望远镜组合上的预算持续膨胀，进度也落后的情况下，对珀金埃尔默能否胜任后续工作的质疑继续存在。为了回应被描述成“未定案和善变的日报表”，NASA将发射的日期再延至1985年4月。但是，珀金埃尔默的进度持续的每季增加一个月的速率恶化中，时间上的延迟也达到每个工作天都在持续落后中。NASA被迫延后发射日期，先延至1986年3月，然后又延至1986年9月。这时整个计划的总花费已经高达11.75亿万美金。

美国哥伦比亚号航天飞机1999年7月23日升空，把钱德拉X射线太空望远镜送到了太空，目的是帮助天文学家搜寻宇宙中的黑洞和暗物质，从而更深入地了解宇宙的起源和演化过程。它的造价高达15.5亿美元（约合103亿元人民币）之巨，加上航天飞机发射和在轨运行费用，项目总成本高达28亿美元（约合183亿元人民币）。

欧洲航天局发射的世界最大远红外太空望远镜“赫歇尔”望远镜造价10亿欧元。甚至连“小规模”的太空望远镜也价格不菲，欧洲航天局(ESA)研究宇宙大爆炸的“普朗克”太空望远镜，造价也达7000万欧元。

而我国即将发射的太空望远镜耗费也不容小觑。据介绍，目前设计项目已立项，地面样机已完成，但由于资金环节有些问题，工程项目获批了，但还没开始进行。这台望远镜本身需3亿元人民币，加上卫星和火箭，计划总造价在10亿元人民币左右。

珀金埃尔默

PerkinElmer股份有限公司是是一家美国的跨国技术公司，其主要业务范围包括生命和分析科学，光电技术和流体科学。前期主要产品有分析仪器等，同时也是生化领域占全球第三位的领先供应商，特别是在药物高通量筛选、全自动液体处理和样品制备方面是世界第一位的供应商。

欧元

欧元是欧盟中17个国家的货币。欧元的17会员国是爱尔兰、奥地利、比利时、德国、法国、芬兰、荷兰、卢森堡、葡萄牙、西班牙、希腊、意大利、斯洛文尼亚、塞浦路斯、马耳他、斯洛伐克、爱沙尼亚。欧元由欧洲中央银行（ECB）和各欧元区国家的中央银行组成的欧洲中央银行系统（ESCB）负责管理。

总部坐落于德国法兰克福的欧洲中央银行有独立制定货币政策的权力，欧元区国家的中央银行参与欧元纸币和欧元硬币的印刷、铸造与发行，并负责欧元区支付系统的运作。

第3章
可爱？可恨？——
不完美的太空望远镜

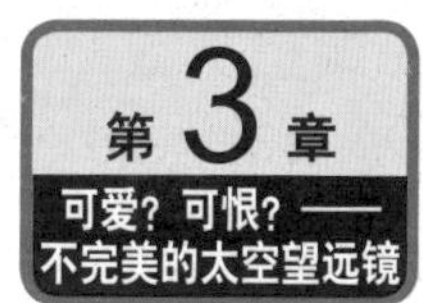

四、复杂的修理与维护

平时我们自己用的望远镜的保养与修理是一个比较麻烦的过程，那么，我们可以想象一下，在太空里的望远镜的维护是何等困难！

对各种人造天体的维修和维护是一种特殊勤务活动。它的应用范围很广，包括对各种航天器和航天设备的回收、修复、更换等。空间维修和维护必须有两个条件，一是航天器能够拆卸；二是要有长时间空间停留的载人航天器。对此能够做到的只有航天飞机和空间站。迄今为止，空间维修都是由航天员在太空完成的。

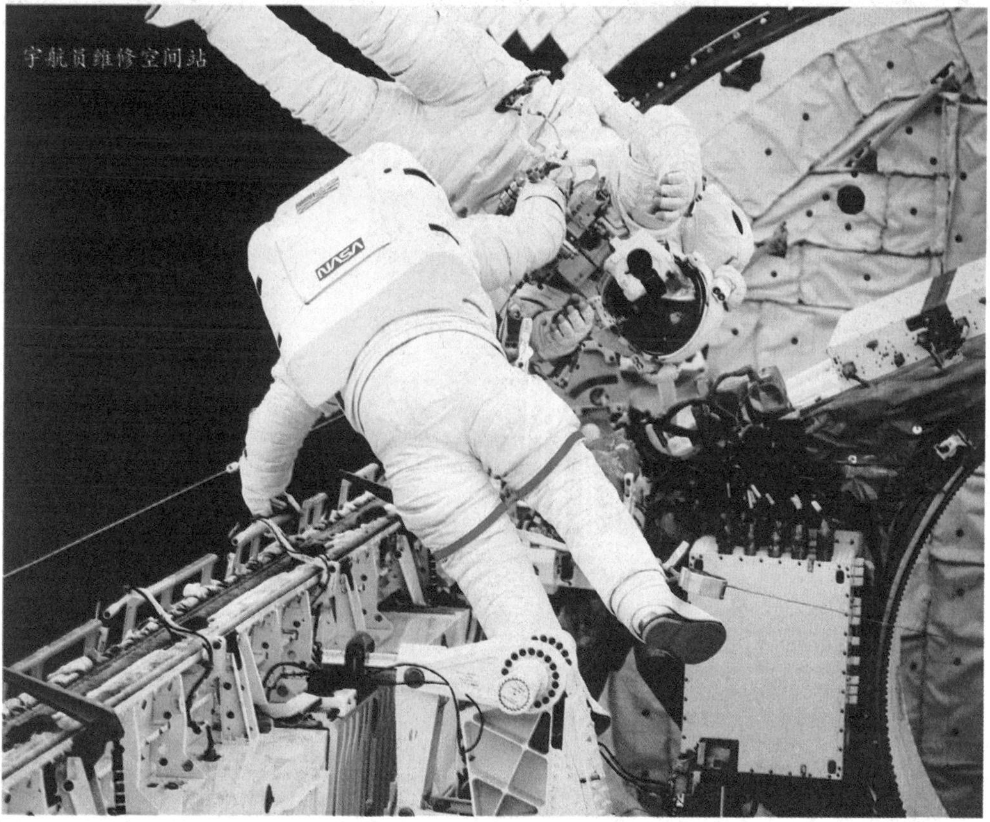

宇航员维修空间站

比如，1984年4月，“挑战者”号航天飞机曾修复了一颗已失效3年的卫星。这颗以探测太阳为主要任务的卫星是1980年2月发射升空的，可是它在运行10个月后，一个控制装置烧坏，一个电子仪器箱失灵，卫星失去效用。航天员利用机械手将它“捕捉”到航天飞机货舱里，修复后又重新置入轨道。

在太空维修不同于地面，除了要克服引力问题，还有很多意想不到的意外发生。

正在太空的美国“奋进”号上的机组成员进行第一次太空行走，维修国际空间站的太阳能系统，工作中出现了一个小意外，一个包从正在工作的宇航员身边划过。

奋进号

前文介绍过，哈勃望远镜已经进行过五次维修。其中，对哈勃望远镜进行的最后一次维护让美国宇航局花费近8亿美元，此次最艰巨的一步是修复成像光谱仪。该光谱仪主要用于分析宇宙中从遥远的天体发出的光，但因为电路板故障，光谱仪于2004年就停止了工作。

宇航员为哈勃维修光谱仪

电路板

电路板的名称有：线路板，PCB板，铝基板，高频板，PCB，超薄线路板，超薄电路板，印刷（铜刻蚀技术）电路板等。电路板使电路迷你化、直观化，对于固定电路的批量生产和优化用电器布局起重要作用。

五、坠落的太空垃圾

垃圾在地球上，可能只会让人们嫌弃，但在太空里，它们却是致命的。从苏联发射了人类历史上的第一颗人造卫星“斯普特尼克一号”到显现，半个多世纪过去了，宇航员进入近地太空已经不是什么新鲜事了。在太空探索的征途中，我们取得了一系列成就，但同时也制造了大量太空垃圾。它们的存在以及如何处理成为一个困扰人类的难题。

每次发射航天器都会制造大量垃圾，例如螺栓、推进器、连接环和绝缘材料。根据美国宇航局、北美航空航天防御司令部、美国联邦通信委员会以及美国其他机构和国际机构提供的统计数据，盘旋在地球上空的太空垃圾数量惊人，10厘米以上的太空垃圾达到1.7万个，2.5到7.5厘米的太空垃圾达到20万个，2.5厘米以下的太空垃圾更是达到数百万之多。

太空垃圾

废弃的卫星

在个头最大的太空垃圾中，很多垃圾的尺寸都远远超过10厘米，例如老化和废弃的卫星，其中一些的体积与校车相当，重量达到数吨，像废弃的游艇一样在太空中游荡。9月末，宇航局1991年发射的一颗重6吨的卫星坠落地球，最后安全落入南太平洋。

2011年10月，德国航天局宣布2.5吨重的太空望远镜ROSAT（罗萨特）将在10月末或者11月初坠落地球，坠落地点仍是一个未知数。这个名为“ROSAT”号的德国X射线望远镜是由德、英、美三国基于英国和美国技术制造的。自1999年后，地面失去了对“ROSAT”号的联系和控制。预计它将在本月末穿越地球大气层返回地球。

德国宇航中心发出警告称，本月底可能会有30块“总计达1.6吨的零件碎片到达地球表面”。由于“ROSAT”号望远镜的耐高温镜片不会在穿过大气层时烧毁，因此落到地球上的碎片可能包括锋利的镜片。

专家称，它的残骸最早将于今年10月末撞击地球，最大碎片有400千克，是美国坠毁卫星最大碎片的3倍重。德国紧急部门已经就此开展紧急演习，应对卫星碎片对人们的伤害。9月时，德国宇航中心预计，这座望远镜撞上地球砸伤人的几率为1/2000，高于美国宇航局此前预测7吨重废弃“高层大气研究卫星”(UARS)撞上地球伤及人的比例1/3200。

虽然在穿越地球大气层过程中，绝大多数碎片在坠地前就已经化为灰烬。但如果个头太大，航天器在穿越大气层时并不会完全燃烧殆尽。1979年7月，宇航局太空实验室的大块碎片便穿过大气层并最终坠入澳大利亚内陆地区。此外，航天器的部分组件具有较高的耐火性，能够在重返大气层过程中幸存。德国的ROSAT，这架太空望远镜采用厚重的耐热玻璃和陶瓷制造反射镜，所以会有不少随便坠入地球。

解决太空垃圾问题的手段并不多。在设计和制造航天器时，设计师应尽量少采用最后脱离母体的部件。科学家则应改善追踪手段，更准确预测废弃卫星的坠落时间。实际上，如果卫星仍有燃料和电力，科学家可以在海洋为其寻找一个安全坠落点，但通常的情况却是既无燃料，也无电力。

斯普特尼克一号

斯普特尼克一号是人类第一颗人造卫星，由前苏联火箭专家科罗廖夫利用导弹改制而成，为铝制球体，直径58厘米，重83.6千克，球体，有4根鞭状天线，内装有科学仪器。

1957年10月4日前苏联在拜科努尔航天中心发射升空，升空后发射了3个星期信号，在轨道中度过3个多月，围绕地球转了1400多圈，最后坠入大气层消失。斯普特尼克一号是航天启蒙时代的产物，是冷战时期太空竞争的标志。

第4章

功成身退
——太空望远镜的开路者

◎ 轨道天文台

◎ 柯伊伯机载天文台

◎ 康普顿太空望远镜

◎ 太阳极大期任务卫星

◎ 红外线天文卫星

◎ 宇宙背景探测者

第4章
功成身退——太空望远镜的开路者

一、轨道天文台

轨道天文台（OAO）是美国国家航空航天局在1966—1972年间，共发射四颗卫星的一系列太空观测计划，提供了许多天体的第一批紫外线观测的优质资料。其中有两次轨道天文台是失败的，而成功的其他两次则在天文学的领域内为太空观测的优点提供了良好的认识，并鼓舞了后续的哈勃太空望远镜。

轨道天文台2号卫星

第一架轨道天文台携带了检测紫外线、X–射线和伽马射线辐射的仪器，于1966年4月8日成发射升空，但是在这些仪器能开始正常工作之前，因为电源故障使得任务在发射三天后即告终止而失败。

第二架轨道天文台在1968年12月7日发射，携带了11架紫外线望远镜。他成功的进行观测到1973年1月，对天文学有许多重大的发现和贡献。在这些成绩中，包括发现彗星有极大的，直径数十万千米，氢冕包围在外面；也发现新星在可见光的亮度衰减时，紫外线的亮度却在增加中。

轨道天文台-B携带了口径38英吋的紫外线望远镜，可以观测到比早先观测得更为微弱的天体。不幸的是，在1973年11月3日发射之后，发射火箭未能与卫星分离，使得卫星重返大气层，并坠入大西洋内。

轨道天文台-3于1972年8月21日发射，并且被证明是最成功的一次轨道天文台任务。这个卫星除了美国国家航空航天局与英国的科学和工程研究委员会的共同努力和合作之外，装载的X射线检测器是由英国伦敦大学的Mullard太空科学实验室制造的，口径80厘米的紫外线望远镜是由美国普林斯顿大学制造的。在发射成功之后，轨道天文台-3被重新命名为哥白尼，以纪念波兰天文学家尼古拉斯·哥白尼500周年的诞辰。

哥白尼一直工作到1981年2月，并且和大量的X射线观察一起被送回的还有数百颗高分辨率的恒星光谱。哥白尼的重大发现中还有许多周期长达数分钟的脉冲星，而不是传统的秒或更短周期的波霎。

轨道天文台OAO—3

哥白尼

尼古拉·哥白尼1473年出生于波兰。40岁时，哥白尼提出了日心说，并经过长年的观察和计算完成他的伟大著作《天球运行论》。1533年，60岁的哥白尼在罗马做了一系列的讲演，但直到他临近古稀之年才终于决定将它出版。

1543年5月24日去世的那一天才收到出版商寄来的一部他写的书。哥白尼的“日心说”沉重地打击了教会的宇宙观，这是唯物主义和唯心主义斗争的伟大胜利。哥白尼是欧洲文艺复兴时期的一位巨人。他用毕生的精力去研究天文学，为后世留下了宝贵的遗产。哥白尼遗骨于2010年5月22日在波兰弗龙堡大教堂重新下葬。

哥白尼

彗星

彗星是星际间物质，英文是Comet，是由希腊文演变而来的，意思是“尾巴”或“毛发”，也有“长发星”的含义。

是太阳系中小天体之一类。由冰冻物质和尘埃组成。当它靠近太阳时即为可见。太阳的热使彗星物质蒸发，在冰核周围形成朦胧的彗发和一条稀薄物质流构成的彗尾。由于太阳风的压力，彗尾总是指向背离太阳的方向。

而中文的“彗”字，则是“扫帚”的意思。在《天文略论》这本书中写道：彗星为怪异之星，有首有尾，俗像其形而名之曰扫把星。人们往往把战争、瘟疫等灾难归罪于彗星的出现，但这是毫无科学根据的。《春秋》记载，公元前613年，“有星孛入于北斗”，这是世界上公认的首次关于哈雷彗星的确切记录，比欧洲早630多年。虽然彗星威力巨大，但撞击地球的可能性是微乎其微的。

彗星

二、柯伊伯机载天文台

柯伊伯机载天文台，简称KAO，是一架装有望远镜，用高空从事天文观测的改装过的C-141飞机。人类为了摆脱厚厚的大气层对天文观测的影响，一方面设法选择海拔高，观测条件好的地方建立天文台，另一方面设法把天文望远镜搬上天空。著名的柯伊伯机载天文台的飞行高度在万米以上，曾用于观测天王星掩星。

柯伊伯机载天文台不仅凝视星空深处，天文学家也利用柯伊伯机载天文台研究来自银河核心的强大远红外线辐射。当超新星1987A爆炸后，科学家也利用它追踪铁、钴、镍等重元素的核聚变(熔合)过程。

C-141运输机

柯伊伯机载天文台是由NASA操作，用于进行红外线天文学研究的国际设备。这个天文台是由一架C－141的喷射运输机改装的，飞行半径6000海里，能在45000英尺（14千米）的高度上进行研究工作。为纪念荷兰裔美籍天文学家杰拉德·柯伊伯，所以将此机命名为柯伊伯机载天文台。

与普通的天文台一样，使用柯伊伯机载天文台也要先提交申请。由于它的独特工作方式，再加上C－141A优秀的续航能力，它几乎可以飞往任何需要的地方，所以用它进行红外线观测要比地面方便很多。由于观测申请络绎不绝，能使用柯伊伯机载天文台进行观测几乎成了一种特权。

柯伊伯机载天文台拍摄的哈雷彗星与银河系

飞行前必须要检查的设备是探测仪器。为缩短准备时间，这一工作通常不与飞机的检查一起进行，而是由天文学家自己提前完成。有时使用的设备普通得让人吃惊：如旨在进行课外地球空间科学教育的CAN DO计划就曾利用几架民用尼康单反相机作为摄星装置。不过一般来说专用的红外探测器是少不了的，如LFS计划即使用了8*8热传感器阵列。考虑高空缺氧的环境，除了对仪器的检查，所有观测人员都要接受高空飞行的相关训练。

柯伊伯机载天文台的望远镜是口径36英吋（91.5厘米）的盖塞反射镜，可以观测波长范围在1～500微米的光谱。他的飞行能力几乎使所有地球大气层内的水汽都在他的下方，因此能观察地基望远镜不能观察的红外线辐射，而且可以在飞行到地球上空的任何一个点进行观测。

柯伊伯机载天文台的重要发现，包括在1977年首度观察到天王星的光环，以及在1988年明确的证明冥王星有大气层。他也用于研究在行星形成区与浩瀚的星际空间内，水和有机分子的起源。天文学家也利用它研究一些环绕在恒星周围的盘状物体，这些区域被认为可能是行星形成的场所。

柯伊伯机载天文台的基地设在美国加州莫菲特菲尔德的埃姆斯研究中心，于1974年开始工作，并于1995年除役。目前被存放在莫菲特菲尔德的211号飞机库，已不再执行飞行任务，未来或许会捐赠给博物馆展示与收藏。

如今已进入太空时代，但机载天文台威力不减，毕竟它的方便灵活是不可比拟的。柯伊伯的后继者是SOFIA，由NASA与德国航空航天中心共同研制，望远镜由波音747SP搭载，已于2004年8月中旬进行首次望远镜测试。完成后的SOFIA仍以Ames中心为基地。

SOFIA的望远镜主镜口径达98.4英寸，由位于波恩的德国航空航天中心研制。望远镜本身则由德国建造，跟踪系统也是德国所制。望远镜的首次观测目标是北极星，据报道说，望远镜成像清晰而尖锐。

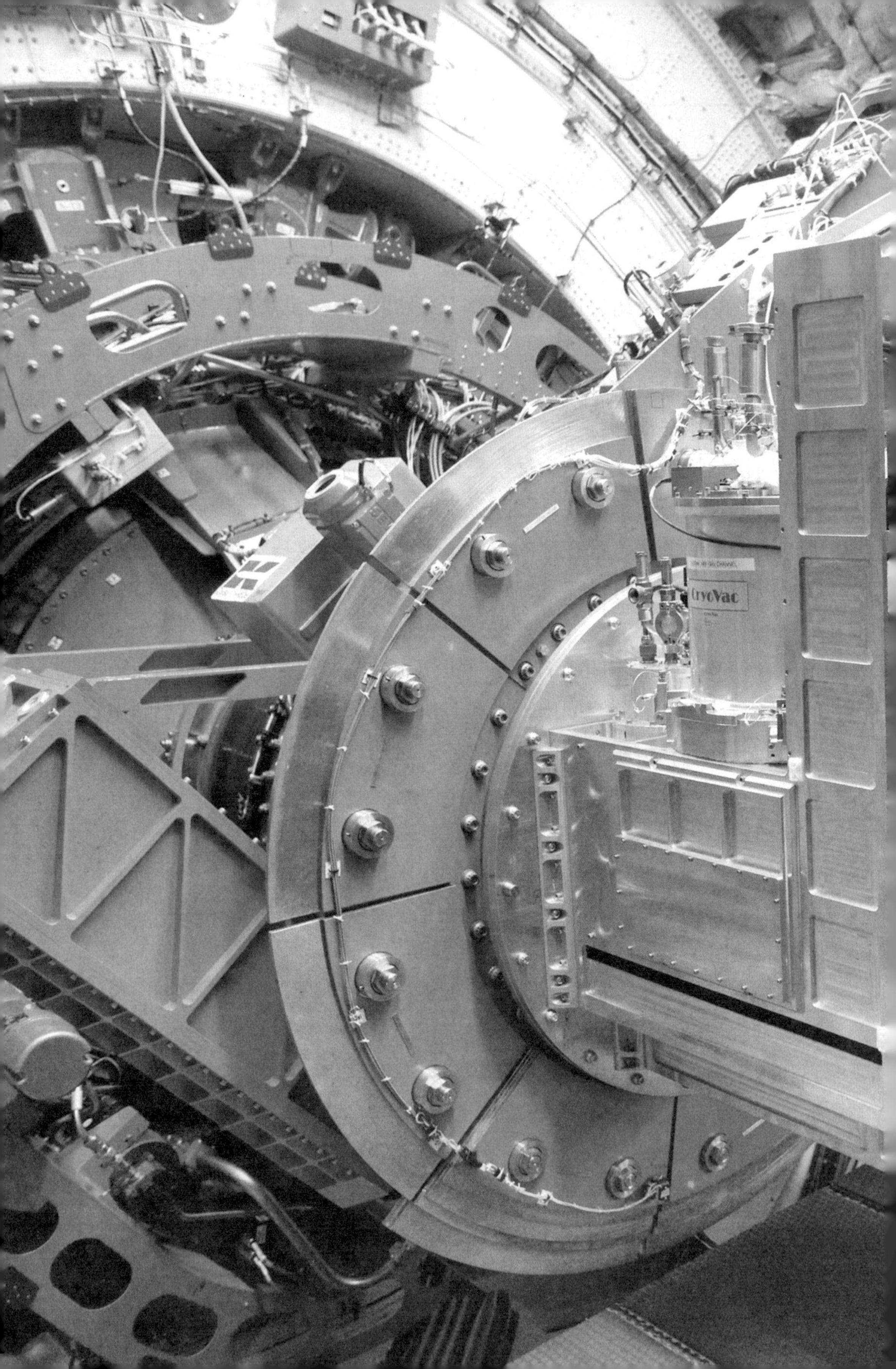
CryoVac

SOFIA望远镜

知识卡片

杰拉德·柯伊伯

1951年，荷兰美籍天文学家杰拉德·柯伊伯首先提出了一个假设。他认为，在海王星轨道之外可能存在着一个带状的区域，那里有一个彗星的“社区”，大量冰状彗星呈带状分布着。它的外边缘大约延伸到50个天文单位的地方，那些彗星绕着太阳公转并不断地进入到太阳系内。

柯伊伯还认为，冥王星或许只是运行在那个区域内一大群物体中最亮的一个，那里还有其他物体，它们和冥王星一样，在太阳系形成之时就出现了，但它们暗而小，因此尚未被人类发现。

三、康普顿太空望远镜

康普顿太空望远镜是美国发射的一架专门用来探测伽马射线的太空望远镜。宇宙中的伽马射线，那是一种能量很强的不可见光，在地球上很难探测到。1991年4月5日，康普顿太空望远镜随“亚特兰蒂斯”号航天飞机升空，7日进入轨道。在9年的宇宙旅行中，康普顿写出了一本厚厚的功劳簿。2000年5月30日，这只人类在外层空间最犀利的“眼睛”开始了回家的路程，并于2000年6月4日在人工控制下溅落太平洋。

亚特兰蒂斯号

康普顿望远镜虽然“年事渐高”，但观测设备仍然运转正常。2000年3月，美国天文学家利用康普顿太空望远镜发现太空中存在一群奇特而强大的伽马射线源，此事被列入2000年世界科技大事记。然而，1999年12月，3个导航陀螺仪失灵，使康普顿不得不回家。因为如果再有一个陀螺仪出故障，地面将无法控制它。据分析，如果不做任何处理，康普顿最终将自行坠回地面。因为它的运行轨道穿过了一些人口稠密地区，如墨西哥的墨西哥城、美国的迈阿密和泰国的曼谷，其坠毁时造成伤亡的可能性高达千分之一。而利用康普顿现存的导航和控制设备，出现伤亡的机会只有1/2900万。

康普顿伽玛射线望远镜

康普顿伽玛射线望远镜在轨期间分两次进行巡天。它曾探测到太阳耀斑余辉、高能量宇宙伽马射线爆丛、银河系中央高达2940光年的反物质“喷泉”、可能由小型黑洞组成的一群奇特而强大的伽马射线源……

康普顿伽玛射线天文台的设计寿命为5年，但一直工作了9年时间。1999年12月6日，卫星上用于姿态控制的一个陀螺仪因球状轴故障而失灵。卫星上安装有三个陀螺仪，必须有两个同时工作卫星才能正常运作。如果再有一个陀螺仪损坏，将导致卫星失控，最终可能坠毁在人口稠密地区。在失去备份的陀螺仪之后，部分天文学家认为它还有可能做出重要的科学观测，仍极力主张延长其寿命，但出于安全考虑，美国宇航局还是决定放弃这颗卫星。

2000年5月26日，在传回最后一次太阳观测资料后，美国宇航局指引卫星开始一连串点火，并最终在6月4日引导它坠入地球大气层，在太平洋上空烧毁，碎片掉在夏威夷西南约3200～4000千米的预定海域。

康普顿全景图

康普顿是人类当之无愧的“宇宙侦察英雄”。它被投入使用后，人类改变了对宇宙的整体认识。天文学家先前曾认为伽马射线爆发只能在银河系中才能探测到，而康普顿升空数月后，科学家证明伽马射线源可能位于宇宙的四面八方。

康普顿

康普顿教授是美国著名的物理学家、“康普顿效应”的发现者。1892年9月10日康普顿出生于俄亥俄州的伍斯特。1913年在伍斯特学院以最优异的成绩毕业并成为普林斯顿大学的研究生，1914年获硕士学位，1916年获博士学位，后在明尼苏达大学任教。

1920年起任圣路易斯华盛顿大学物理系主任，1923年起任芝加哥大学物理系教授，1945年返回华盛顿大学任校长，1953年起改任自然科学史教授，直到1961年退休，1962年3月15日于加利福尼亚州的伯克利逝世，终年70岁。另外还有同名公司及书籍等。

康普顿

四、太阳极大期任务卫星

卫星是指在围绕一颗行星轨道并按闭合轨道做周期性运行的天然天体，人造卫星一般亦可称为卫星。人造卫星是由人类建造，以太空飞行载具如火箭、航天飞机等发射到太空中，像天然卫星一样环绕地球或其它行星的装置。

人造卫星的用途很广泛，有的装有照相设备，用对地面进行照相、侦察，调查资源，监测地球气候和污染等；有的装有天文观测设备，用来进行天文观测；有的装有通信转播设备，用来转播广播、电视、数据通信、电话等通信讯号；有的装有科学研究设备，可以用来进行科研及空间无重力条件下的特殊生产。总之，人造卫星因研制、生产、使用者的目的不同而有不同的用途。

在STS-41上的太阳极大期任务卫星

太阳极大期任务卫星是1980年2月14日发射，用于研究太阳现象，特别是太阳耀斑的卫星。

值得注意的是，为了延长这颗卫星的工作时期，挑战者号航天飞机曾经在1984年将它回收置入货舱中进行维修，再放回轨道上。这颗卫星的锚钩在设计时就符合航天飞机的机械臂夹具，所以能够回收进行维修。

出人意料的是，携带的主动空腔辐射显示器（英文缩写为ACRIM）发现在太阳黑子最活耀的时期，太阳的光度是增亮而非预期的变暗。因为在太阳黑子周围产生的光斑增加的亮度超过黑子所抵销掉的。

太阳极大期任务卫星在1989年12月2日重返大气层，并如预期的烧毁而结束任务。

太阳黑子

太阳黑子是在太阳的光球层上发生的一种太阳活动，是太阳活动中最基本、最明显的。一般认为，太阳黑子实际上是太阳表面一种炽热气体的巨大漩涡，温度大约为4500摄氏度。因为其温度比太阳的光球层表面温度要低1000～2000摄氏度（光球层表面温度约为6000摄氏度），所以看上去像一些深暗色的斑点。

太阳黑子很少单独活动，通常是成群出现。黑子的活动周期为11.2年，活跃时会对地球的磁场产生影响，主要是使地球南北极和赤道的大气环流作经向流动，从而造成恶劣天气，使气候转冷。严重时会对各类电子产品和电器造成损害。

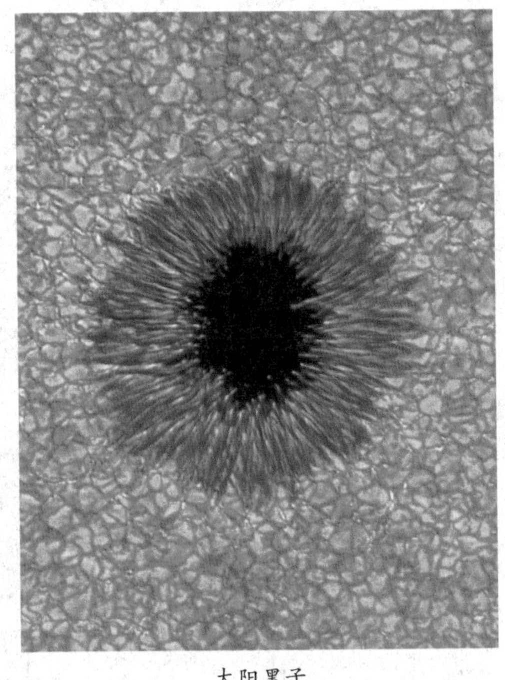

太阳黑子

第4章
功成身退——太空望远镜的开路者

五、红外线天文卫星

红外天文卫星（英文缩写为IRAS)是在太空中的天文台，以红外线巡天，执行勘查整个天空的任务。

红外天文卫星是美国的NASA、荷兰的NIVR与英国的SERC联合执行的计划，在1983年1月25日发射升空，任务执行了10个月之久。

IRAS以12、25、60和100微米的四种波长描绘了96%的天空，在12微米上的解析力是0.5'，100微米的解析力是2'。他发现了500000个红外线源，迄今还有许多个尚待进一步的研究。大约有75000个相信是仍然处在恒星诞生阶段的星爆星系，其它许多则是处在行星形成阶段，有尘埃组成的星盘环绕着的一般恒星。新的发现包括环绕在织女星周围的尘埃盘和银河核心的第一张影像。

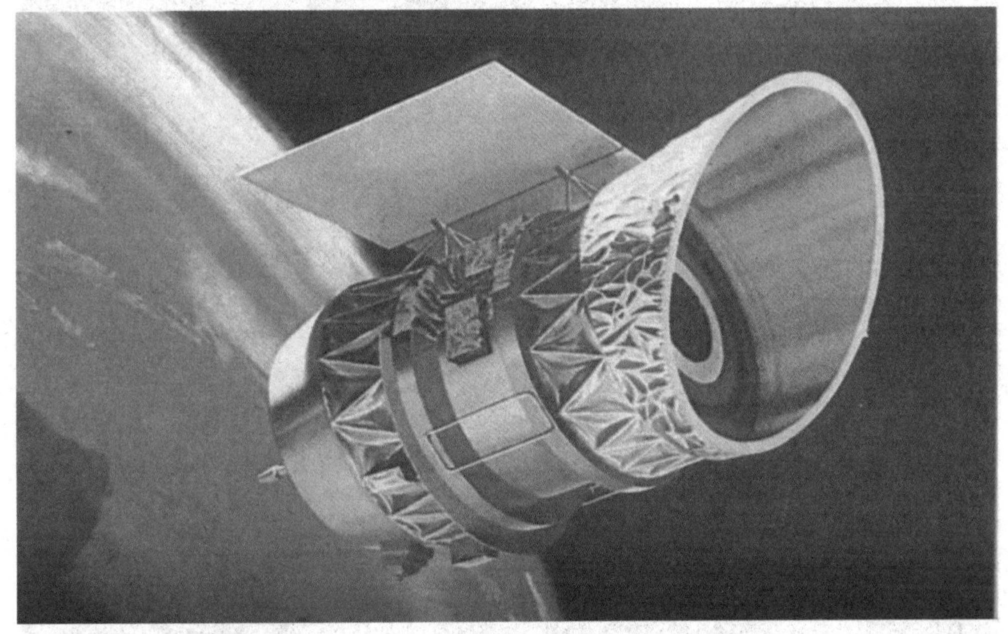

红外天文卫星IRAS

IRAS的寿命，像其它的红外线卫星一样，受限于冷却系统：有效的在红外领域中工作，卫星必须冷却到难以想象的低温。IRAS携带了720升的超流体氦，借由超流体的蒸发让卫星保持在-272摄氏度的低温。卫星温度一旦上升，便会妨碍观测的进行。

红外线天文卫星拍摄的图片

IRAS被设计来编制固定来源的目录，因此他对天空中同一个区域都扫描了许多次。约翰·大卫和西蒙·格林就专门搜寻被剔除的会移动的目标，因此她们发现了3颗小行星，包括属于阿波罗群（也是双子座流星雨源头）；6颗彗星，包括有巨大尘埃尾的谭普2号(Tempel−2)、周期彗星126P/IRAS、161P/哈德利−IRAS和在1983年非常接近地球的IRAS—荒贵—阿卡克彗星。

2004年，史匹哲太空望远镜成为最好的红外线望远镜，让天文学家得以继续许多IRAS首度侦测到但尚未完成的研究工作。

星爆星系

星爆星系是在比较星系的恒星形成速率时，其形成速率比大多数的星系都要高出许多的一种星系。通常在两个星系过度靠近或发生碰撞之际，会有爆发性的恒星形成。在这种星系中，恒星形成的速率是很惊人的，如果要持续这种速率，要供应恒星形成所储存的气体，在远短于星系的动力生命期内就会耗尽。

基于这个原因，星爆过程被假设为短暂时期的现象，最出名的星爆星系是M82、NGC4038/NGC4039和IC10。

第4章 功成身退——太空望远镜的开路者

六、宇宙背景探测者

宇宙背景探测者(COBE)，也称为探险家66号，是建造来探索宇宙论的第一颗卫星。他的目的是调查宇宙间的宇宙微波背景辐射(CMB)，而测量和提供的结果将可以协助提供我们了解宇宙的形状，这工作也将可以巩固宇宙的大爆炸理论。

宇宙背景探测者发射日期为1989年11月18日，发射地点是范登堡空军基地，任务时长约4年，质量为2270千克。轨道高度900.2千米，轨道周期为103分钟。

根据诺贝尔奖委员会的看法："宇宙背景探测的计划可以视为宇宙论成为精密科学的起点。"这个计划的两位主要研究员，乔治·斯穆特和约翰·马瑟在2006年获得诺贝尔物理奖。

宇宙背景探测者起初计划在1988年由航天飞机发射，但是挑战者号的爆炸导致航天飞机停飞，而使计划被延搁。美国国家航空航天局保留了宇宙背景探测者的工程师寻求其他的太空中心来发射宇宙背景探测者。最后，重新设计的宇宙背景探测者在1989年11月18日由戴尔他火箭发射进入太阳同步轨道。在1992年4月23日，一个美国的科学团队宣布，它们从宇宙背景探测者的数据中发现了原始的种子：宇宙微波背景辐射的各向异性。

COBE卫星

科学任务由早先提及的三台仪器执行：远红外线游离光谱仪(FIRAS)、漫射红外线背景实验(DIRBE)、微差微波辐射计(DMR)。这三台仪器在有识别能力的频率上互相重叠，能在测量我们的星系、太阳系、和宇宙微波背景辐射上提供一致性的校验。

宇宙背景探测者的仪器不仅完成了原先期望的探测工作，而且还向外扩展了有实际价值的观测。

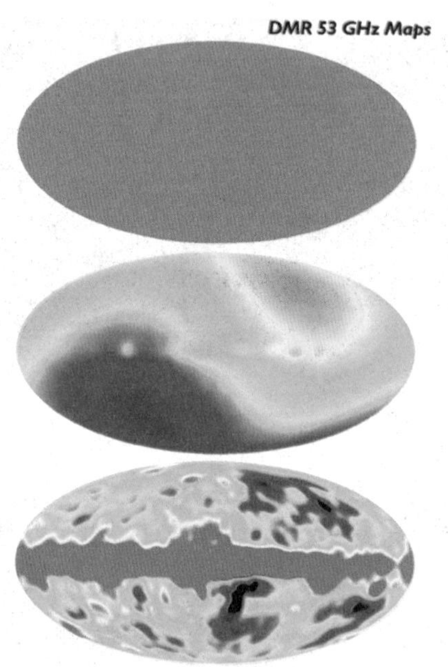

COBE卫星获得的宇宙微波背景辐射的偶极现象图像

星系

恒星系或称星系，是宇宙中庞大的星星的“岛屿”，它也是宇宙中最大、最美丽的天体系统之一。到目前为止，人们已在宇宙观测到了约1000亿个星系。它们中有的离我们较近，可以清楚地观测到它们的结构；有的非常遥远，目前所知最远的星系离我们有将近150亿光年。

第5章

任重而道远
——太空望远镜的现在与未来

◎ 赫歇尔太空望远镜
◎ 史匹哲太空望远镜
◎ 钱德拉太空望远镜
◎ 费米伽玛射线空间望远镜
◎ 开普勒太空望远镜
◎ 詹姆斯·韦伯太空望远镜
◎ SPICA

一、赫歇尔太空望远镜

“赫歇尔”太空望远镜是以英国天文学家威廉·赫歇尔的名字命名，它实际上是一台大型远红外线望远镜。2009年5月14日，欧洲航天局两颗科学探测卫星“赫歇尔”和“普朗克”，包括造价10亿欧元的“赫歇尔”望远镜在内，搭乘欧洲阿丽亚娜5－ECA型火箭，从法属圭亚那库鲁航天中心发射升空，展开了充满未知的宇宙之旅。

赫歇尔的使命是研究恒星和星系的形成以及在宇宙时期的发展变化。2009年6月14日，地面任务控制中心发送指令，命令“赫歇尔”打开用于保护敏感仪器免遭污染的舱门，于是，这个世界上最大的远红外太空望远镜“睁开了眼睛”。“赫歇尔”望远镜利用光电阵列和射谱仪(PACS)对涡旋星系(也称M51)进行了探测。

赫歇尔望远镜在进行升空前最后的检验

欧洲航天局赫歇尔太空望远镜的最大收获是在星际云中发现了一种如网络般的错综复杂的气态丝状结构。奇特的是，每一个丝状结构宽度大概相同。天文学家认为，这一现象表明，这种丝状结构可能是由贯穿于银河系的星际音爆形成的。

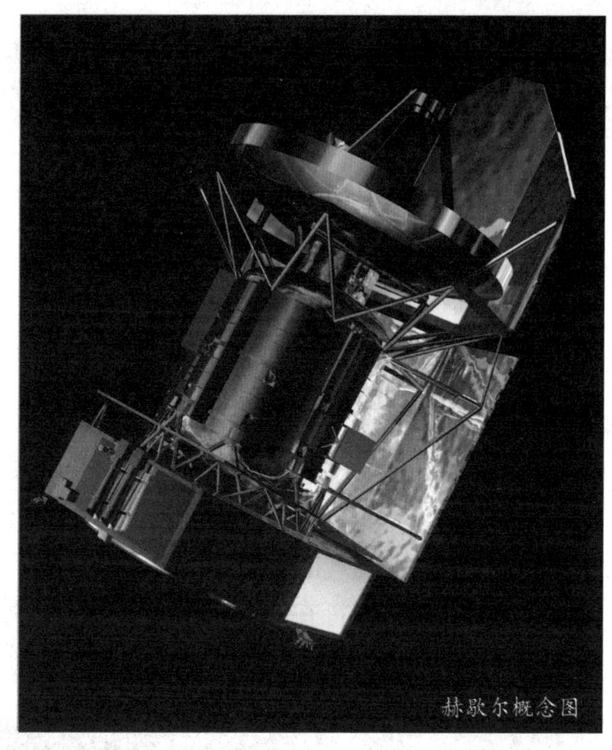
赫歇尔概念图

虽然与美国开普勒太空望远镜的发现相比，赫歇尔的成就并不那么喜人，但赫歇尔依然是欧洲最牛的太空望远镜。赫歇尔宽4米，高7.5米，是迄今为止人类发射的最大远红外线协合工作望远镜。赫歇尔望远镜对波长较长的光线极为敏感，即远红外线和直径小于1毫米的光线。光电阵列和射谱仪可以覆盖较短的光谱，而成像光谱与测光仪则用于捕捉较长的光谱。

除了长就一双“慧眼”，赫歇尔望远镜还携带了约2000升超流体氦，后者可以起到冷却望远镜的作用，让望远镜的内部工作温度接近绝对零度（零下273.15摄氏度），从而尽可能地降低仪器本身的辐射，达到最优的观测效果。与太阳相比，宇宙中其他星体的表面温度相对较低，因此，虽然它们以红外线波段释放能量，但很难被太空望远镜察觉。赫歇尔则可以凭借尖端的仪器，探测到更多远红外线范围内的宇宙星体，包括银河系内和银河系之外的星体。此外，它还能够对宇宙尘埃和气体进行观测，探索银河系之外恒星的形成，发现宇宙形成的奥秘。

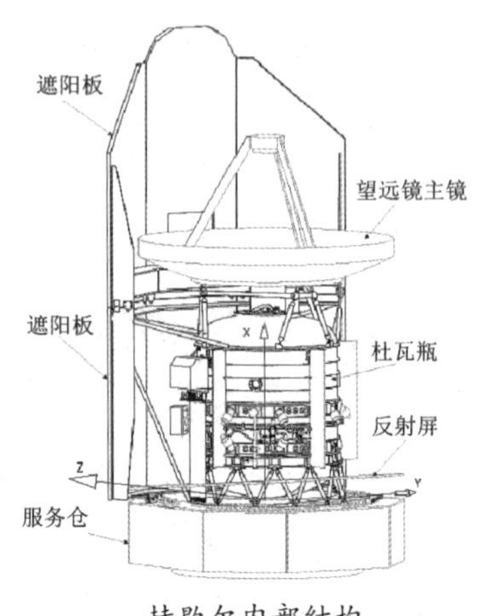

赫歇尔内部结构

在太阳系，“赫歇尔”将检测小行星、柯伊伯带和彗星，它们很可能是早期太阳系形成时的残留物质，可能掌握着包括地球在内的太阳系行星形成之初的原始物质比如水存在的痕迹。而“赫歇尔”的一个重要探测目标，就是在这些星体中发现水是否存在。同时，天文学家还期望通过“赫歇尔”发现另一种人类所熟知的分子——氧气。天文学家推测星际介质中大量存在着氧气，但至今没有任何观测仪器在星际中探测到氧气的存在。

“赫歇尔”还将在银河系研究恒星形成区域，进而首次探索恒星早期形成历程和银河系中年轻恒星是如何形成的。通常婴儿恒星被包裹在

在轨运行的赫歇尔太空望远镜

寒冷气体和灰尘构成的“子宫”中，无法观测，但“赫歇尔”却能穿透灰尘云观测到。

“赫歇尔”望远镜正在向一个距地球150千米远的观测位置进发，如今已完成了超过90%的路程。事实上，它现在与地球的距离十分理想，地面指令用不了5秒就能到达“赫歇尔”望远镜。根据控制人员探测到的“赫歇尔”温度略微升高和晃动等现象，表明舱门成功打开。

赫歇尔红外空间天文台是欧洲空间局所研制的最复杂的空间设备，有效寿命预计为3～4年，将成为世界顶尖级的大型空间天文台。2005年中国科学院国家天文台在“百人计划”引进人才黄茂海研究员带领下，与赫歇尔的造价达一亿欧元的主要仪器SPIRE项目签署协议，展开合作，正式成为其国际合作伙伴。

威廉·赫歇尔

弗里德里希·威廉·赫歇尔（1738—1822），英国天文学家，古典作曲家，音乐家。恒星天文学的创始人，被誉为恒星天文学之父。

英国皇家天文学会第一任会长。法兰西科学院院士。用自己设计的大型反射望远镜发现天王星及其两颗卫星、土星的两颗卫星、太阳的空间运动、太阳光中的红外辐射；编制成第一个双星和聚星表，出版星团和星云表；还研究了银河系结构。

二、史匹哲太空望远镜

史匹哲太空望远镜（英文缩写为SST），是美国国家航空航天局2003年发射的一颗红外天文卫星，是大型轨道天文台计划的最后一台空间望远镜。

史匹哲太空望远镜模拟图

史匹哲太空望远镜耗资8亿美元，原名为空间红外望远镜设备，2003年12月，经过公众评选，该卫星以空间望远镜概念的提出者、美国天文学家莱曼·史匹哲的名字命名。望远镜工作在波长为3～180微米的红外线波段，以取代先前的红外线天文卫星。史匹哲太空望远镜虽然不比它口径大很多，但得益于红外探测设备的快速发展，性能上有了显著的提高。

2003年8月25日，史匹哲太空望远镜在美国佛罗里达州的卡纳维尔角由德尔塔Ⅱ型火箭发射升空，运行在一条位于地球公转轨道后方、环绕太阳的轨道上，并以每年0.1天文单位的速度逐渐远离地球，这使得一旦出现故障，将无法使用航天飞机对其进行维修。

史匹哲太空望远镜总长约4米，重量为950千克，主镜口径为85厘米，用铍制作。除此之外还有3台观测仪器，分别为：红外阵列相机(IRAC)，大小为256×256像素，工作在3.6、4.5、5.8和8微米4个波段；红外摄谱仪(IRS)，由4个模块组成，分别工作在5.3～14

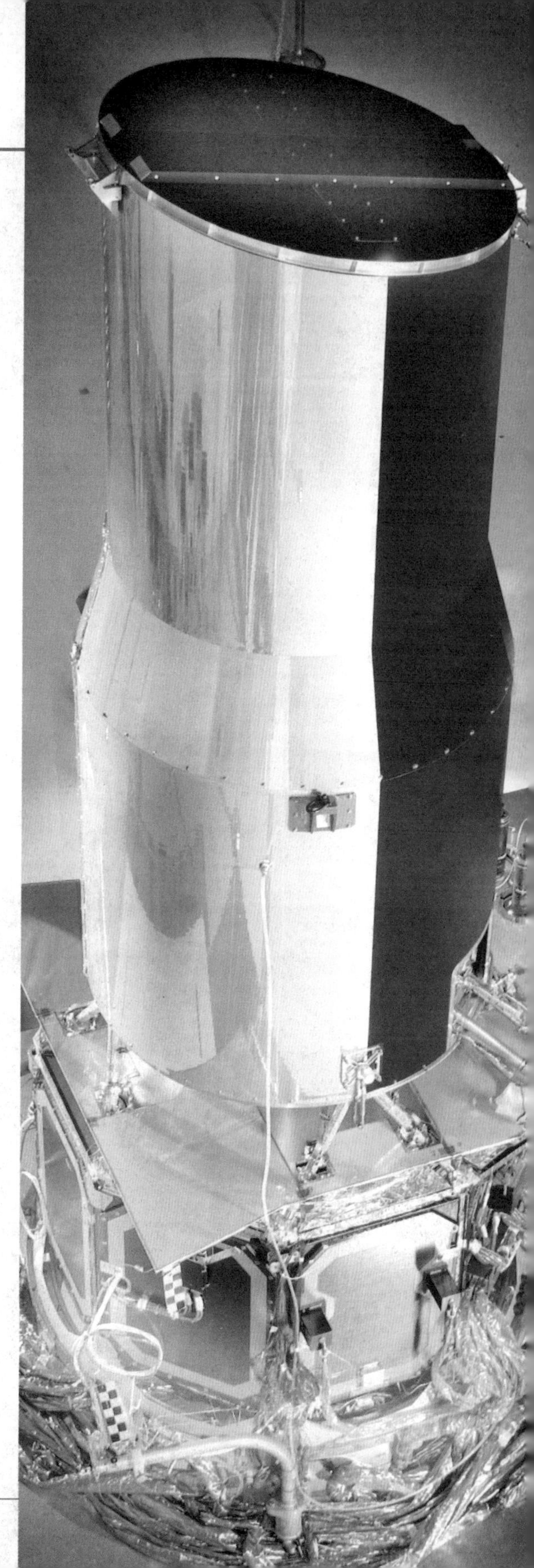

发射前的史匹哲空间望远镜

微米（低分辨率）、10～19.5微米（高分辨率）、14～40微米（低分辨率）和19～37微米（高分辨率）；多波段成像光度计（MIPS），工作在远红外波段，由3个探测器阵列组成，大小分别为128×128像素（24微米）、32×32像素（70微米）和2×20像素（160微米）。为避免望远镜本身发出的红外线干扰，主镜温度冷却到了5.5K。望远镜本身还装有一个保护罩，为的是避免太阳和地球发出的红外线干扰。

银盘上充满了大量的尘埃和气体，阻挡了可见光，因此在地球上无法直接用光学望远镜观测到银河系中心附近的区域。红外线的波长比可见光长，能够穿透密集的尘埃，因此红外观测能够帮助人们了解银河系的核心、恒星形成，以及太阳系外行星系统。

史匹哲太空望远镜有四个科学任务：

第一，寻找太阳系之外的行星。这是天文学家多年以来持之以恒的一个努力方向。在可见光波段很难发现它们，因为行星的光芒会被恒星的光芒淹没。而在红外波段，恒星与行星的光谱特征具有明显的区别，所以在红外波段就可能比较容易发现太阳系以外其他恒星周围的行星。

第二，探索行星是怎样形成的。按照流行的理论，行星是在恒星周围的尘埃盘中形成的。通过观察不同演化阶段的尘埃盘，得出有关行星形成的过程。这项工作在可见光波段也很难完成，因为尘埃的遮挡使我们看不清那里发生了什么事情。红外观测则能够穿透尘埃的阻挡，揭示出那里面的奥秘。

史匹哲太空望远镜观测图像

第三，研究陌生的河外星系。在“史匹哲”升空之前，欧洲的“红外天文卫星”发现一些在红外波段辐射很强而可见光辐射却很弱的河外星系，这些星系大多数都是正在合并或者正在发生相互作用的星系。还有一些星系具有一个能够释放巨大能量的星系核，叫做活动星系。目前人类对于具有强烈红外辐射的星系和活动星系都还了解得比较少，“史匹哲”的第三项科学目标就是大力开展对这些陌生星系的观测和研究，以便更深入地了解它们。

第四，观测遥远星系，揭示早期宇宙图景。哈勃空间望远镜曾经拍摄到130亿光年之遥的宇宙深空，那里密密麻麻分布着很多星系。远在130亿光年之遥的光需要130亿年的时间才能到达我们这里，所以我们看到的应该是130亿年以前宇宙的图景。“哈勃”的观测集中在可见光和紫外波段，“史匹哲”的观测集中在红外波段，两者的结合将得到更加完美的观测成果。

史匹哲太空望远镜24微米红外线下的M31影像

2009年8月，美国宇航局太空网称天文学家利用史匹哲太空望远镜发现两颗围绕一颗年轻恒星运行的行星，他们曾在数千年前发生过相撞。

2010年3月，由樊晓辉领导的研究小组利用史匹哲太空望远镜发现的两个最小的类星体，分别是J0005-0006类星体和J0303-0019类星体，距离地球130亿光年。美国宇航局的钱德拉X射线天文台也观测到了其中一个类星体发射出的X射线。当围绕在类星体周围的气体被吞噬时，类星体会发射出X射线、紫外线和可见光。

研究人员观测到类星体中尘埃的数量和黑洞质量一起都在增加。研究人员发现J0005-0006类星体和J0303-0019类星体中心黑洞的质量最小，表明这两个类星体还非常年轻，在这一时期，它们周围还没有尘埃产生。

莱曼·史匹哲

小莱曼·史庄·史匹哲（1914－1997），美国理论物理学家、天文学家。他是太空望远镜概念的提出者；也是等离子体物理学的专家；是仿星器的发明人。

1946年他提出了一篇论文《在地球之外的天文观测优势》。指出在太空中的天文台有两项优于地面天文台的性能。首先，角分辨率（物体能被清楚分辨的最小分离角度）的极限将只受限于衍射，而不是由造成星光闪烁、动荡不安的大气所造成的视像度。其次，在太空中的望远镜可以观测被大气层吸收殆尽的红外线和紫外线。他因此被称为“太空望远镜之父”。

莱曼·史匹哲

三、钱德拉太空望远镜

1999年7月23日，美国哥伦比亚号航天飞机升空，把钱德拉X射线太空望远镜送到了太空。这一空间天文望远镜将帮助天文学家搜寻宇宙中的黑洞和暗物质，从而更深入地了解宇宙的起源和演化过程。钱德拉太空望远镜原称高级X射线天体物理学设施，后改以印裔美籍天体物理学家钱德拉锡卡的名字来为其命名。

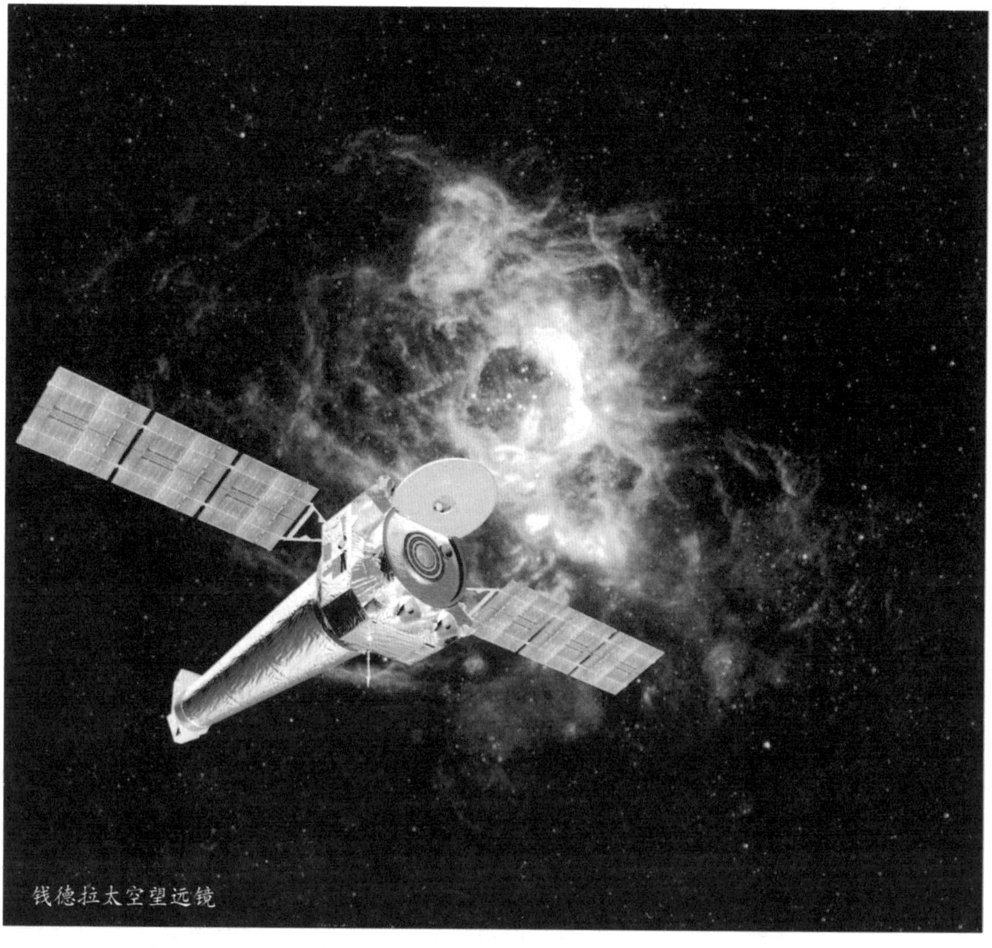

钱德拉太空望远镜

钱德拉望远镜是美国航宇局NASA“大天文台”系列空间天文观测卫星中的第三颗。该系列共由4颗卫星组成，其中康普顿伽马射线观测台和哈勃太空望远镜(HST)已分别在1990年和1991年发射升空，另一颗卫星称为太空红外望远镜设施，也就是斯皮策太空望远镜，于2003年发射成功。

钱德拉望远镜在哥伦比亚号航天飞机货舱内

在轨道上运行的光学望远镜哈勃太空望远镜观测可见光，而在另一轨道上的“钱德拉”则捕捉X射线。钱德拉X射线太空望远镜是为了观察来自宇宙最热的区域的X射线而设计的。与可见光的光子相比，X射线更具能量，而且就像子弹一样能够穿透光学望远镜所使用的抛物面镜。但是当它掠过镜子表面的时候就会像子弹一样改变方向。

为此，钱德拉X射线太空望远镜有4副镜子(4个抛物面镜，4个双曲面镜)，这些镜子像“漏斗”一样把X光集中到高性质照相机内。镜子的制作精度达到了空前的高度：光学系统的两端间的距离是2.7米，误差为1.3×10^{-6}米(一根头发丝的1/5)。钱德拉X射线太空望远镜上面的仪器在测量X射线的能量的同时还能够担出高清晰度的照片。另外，瞄准系统的精度也非常高，能够瞄准1千米以外的鸡蛋大小的物体，误差为3毫米。

钱德拉太空望远镜拍摄的照片

钱德拉望远镜的造价高达15.5亿美元之巨，加上航天飞机发射和在轨运行费用，项目总成本高达28亿美元。它是迄今为止人类建造的最为先进、也最为复杂的太空望远镜，被誉为“X射线领域内的哈勃”。

在此之前，人类曾发射过小一些的X射线望远镜。与它们相比，钱德拉的灵敏度要高出20～50倍。除分辨率高外，它还具有集光能力强和成像的能量范围广等特点，并能精确地把光谱分解成不同的能量成分。它所获得的高能X射线数据将弥补康普顿和哈勃两颗天文观测卫星在电磁频谱的其它区域中获得的数据，加深人类对黑洞、碰撞星系和超新星遗迹的了解。

钱德拉望远镜距地球最远时的距离约为地球到月球的距离的1/3。选用这种大椭圆轨道是为了有尽可能多的时间让望远镜保持在地球的辐射带之外，并避开在离地球很近处运行带来的一些观测上的限制。

钱德拉望远镜上装有高分辨率镜面组件和8米长的光具座。用于观测的主要仪器包括一台用于成像和光谱分析的电荷耦合装置成像光谱仪、一台高分辨率相机以及高能透射光栅和低能透射光栅等。该望远镜在研制中遇到的最大挑战还是10米焦距X射线望远镜的研制，尤其是反射镜制造、无形变安装系统的研制以及镜面精确准直性的保持，难度极高。

美国国家航空航天局2010年11月15日（北京时间16日1时30分）宣布，研究人员在距离地球大约5000万光年的太空发现“年仅”31岁的黑洞。研究人员认为，这一黑洞质量大约是太阳的5倍，由一颗质量大约20倍于太阳的超新星爆炸形成。

此前有媒体报道，美国宇航局即将宣布“震惊全人类”的消息，因此也引发了关于“外星人”和“不明飞行物”的种种猜测。

研究人员1979年观测到名为SN1979C的超新星爆炸。依靠美国钱德拉X射线太空望远镜观测，他们认为，这处星体附近区域强烈的X射线与黑洞发出的X射线一致。

国家航空航天局戈达德航天中心天体物理学家金伯利·韦弗说：“我们以前从不知道一个黑洞诞生的具体时间，现在能观察它演化到孩童和青少年的阶段。”

钱德拉太空望远镜拍摄到的黑洞攻击星系实景照片

哈佛–史密森天体物理学中心天文学家丹尼尔·帕特诺德说："这是我们首次能够观察一个看上去肯定是黑洞的天体的形成与成长。"

美国《华盛顿邮报》说，来自马里兰州斯旺顿的天文学家古斯·约翰逊可能见证这一黑洞的诞生时刻。当年，约翰逊观测星空时，看到一个星体突然猛地一亮。随着约翰逊的发现，这颗超新星才走入人们视线，后被命名为SN1979C。

太空新闻网说，质量不足太阳质量20倍的星体在生命末期，因重力崩溃发生爆炸后通常形成密度极大的中子星；而质量超过太阳20倍的星体则会在生命最后演化成为黑洞。

加利福尼亚大学伯克利分校研究员亚历克斯·菲利片科说："这一超新星将帮助天文学家了解什么星体爆炸会形成中子星，什么爆炸会形成黑洞。"

钱德拉锡卡

全名苏布拉马尼扬·钱德拉锡卡（1910–1995）是一位印度裔美国籍物理学家和天体物理学家。钱德拉塞卡在1983年因在星体结构和进化的研究而与另一位美国物理学家威廉·艾尔弗雷德·福勒共同获诺贝尔物理学奖。他也是另一个获诺贝尔奖的物理学家拉曼的亲戚。钱德拉塞卡从1937年开始在芝加哥大学任职，直到1995年去世为止。他在1953年成为美国的公民。钱德拉塞卡兴趣广泛，年轻时曾学习过德语，并读遍自莎士比亚到托马斯·哈代时代的各种文学作品。

"钱德拉"是朋友和同事对他的称呼，梵语有"月亮"和"照耀"的意思。

第5章
任重而道远——太空望远镜的现在与未来

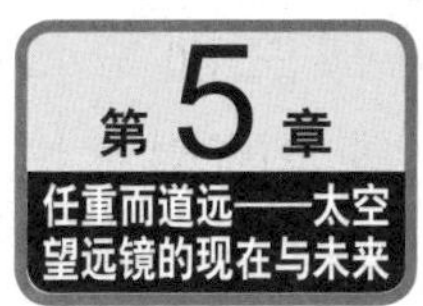

四、费米伽玛射线空间望远镜

费米伽玛射线空间望远镜发射于2008年，运行于近地低空轨道，隶属于美国宇航局、美国能源部和法国、德国、意大利、日本及瑞典等国。费米伽玛射线空间望远镜能够探测到宇宙中最强大的射线。超大质量黑洞、中子星碰撞以及超新星爆炸都可能发出超强能量辐射。因此，费米伽玛射线空间望远镜的主要任务就是研究黑洞和暗物质。

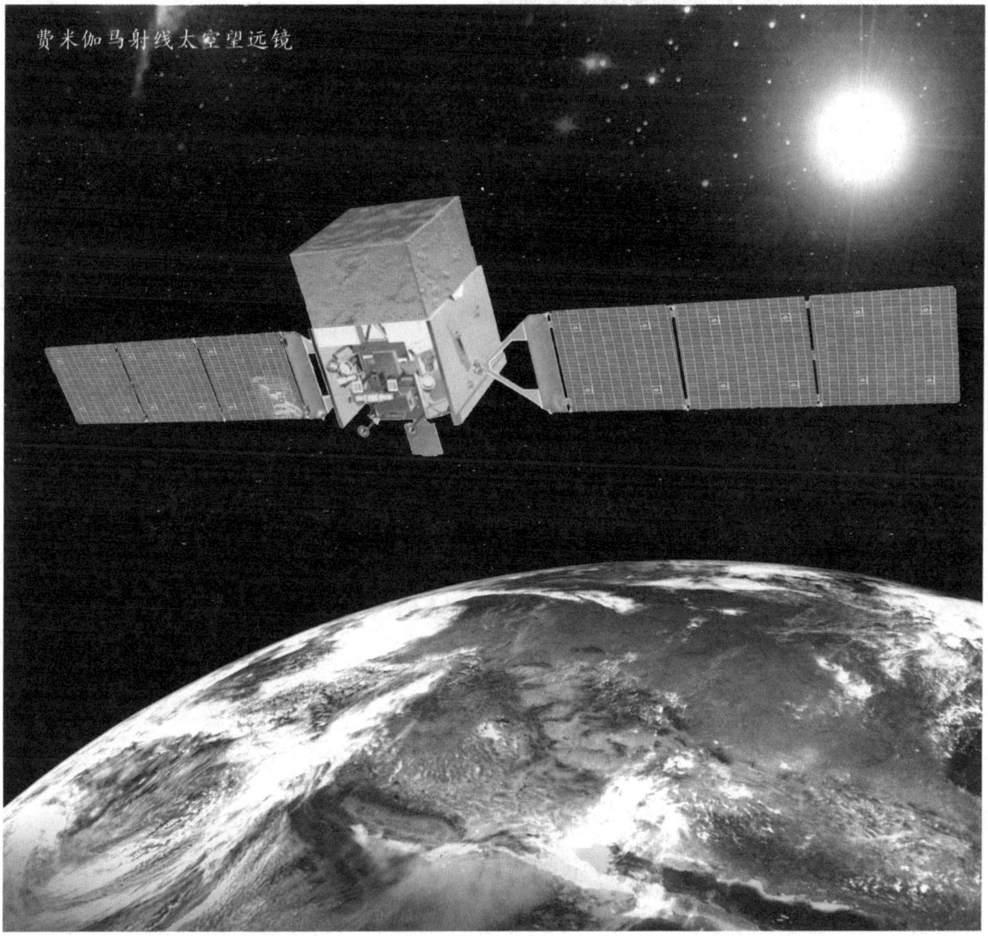
费米伽马射线太空望远镜

费米伽玛射线空间望远镜近景图

费米伽玛射线空间望远镜是台世界上最强大的望远镜之一。通过高能伽马射线观察宇宙，最初被称作“伽马射线广域空间望远镜”，但是当这台望远镜建成后开始正常运行时，人们又根据意大利科学家恩里科·费米的名字给它重新命名。

伽玛暴是天空中某一方向的伽玛射线强度在短时间内突然增强，随后又迅速减弱的现象，持续时间在0.1～1000秒，人们对其本质了解得还不很清楚，但基本可以确定是发生在宇宙学尺度上的恒星级天体中的爆发过程。由于其随机性和大气层的影响，地面望远镜观测伽玛暴效果很有限。费米望远镜在两个月发射升空，目前已经获得首批观察数据，科学家据此绘制出了首幅伽马射线源全天空图。

费米空间望远镜携带两台探测器，一台大视场望远镜和爆发监测器。LAT使用多组钨和硅探测器，当伽马射线撞击到钨上，就会产生光电效应，硅探测器记录通过的电子或正电子，判断方向，同时使用普朗克黑体辐射定律计算伽马射线的波长。NASA公布的全天图仅仅是95个小时的观测结果，相比较下过去的康普图天文台需要数年的时间才能绘制一张类似的图。这张图显示，和预计的一样，在银河系平面上有一条伽玛射线亮带。此外，还有四个亮点，其中三个是已知的脉冲星，第四个亮点是一个活动星系，距离我们有71亿光年那么远。

据国外媒体报道，美国“费米伽玛射线太空望远镜”在地球上空的闪电中意外地发现了反物质存在的迹象。

据科学家介绍，费米伽马射线太空望远镜主要用来探测太阳系外宇宙空间的伽玛射线。该望远镜于2008年6月升空，至今已运行了14个月。在14个月中，费米太空望远镜共探测到与地球表面雷暴有关的17次伽玛射线闪电。在其中部分的闪电中，科学家们发现了有反物质存在的迹象。

在最近两次雷暴天气中，费米望远镜探测到一种带有特别能量的伽玛射线，而这种能量只能由过量正电子在能量衰减过程中所产生。过量正电子的发现正是反物质存在的重要证据。美国阿拉巴马大学科学家迈克尔·布里格斯表示，雷暴中存在过量正电子，这一现象确实相当罕见。

费米太空望远镜所探测到的17次伽玛射线闪电，有的是发生在雷雨开始之前，有的是发生于雷雨的过程中，还有的是发生于雷雨刚刚结束之时。“全球闪电定位网络”对这些闪电进行了跟踪研究和观测。

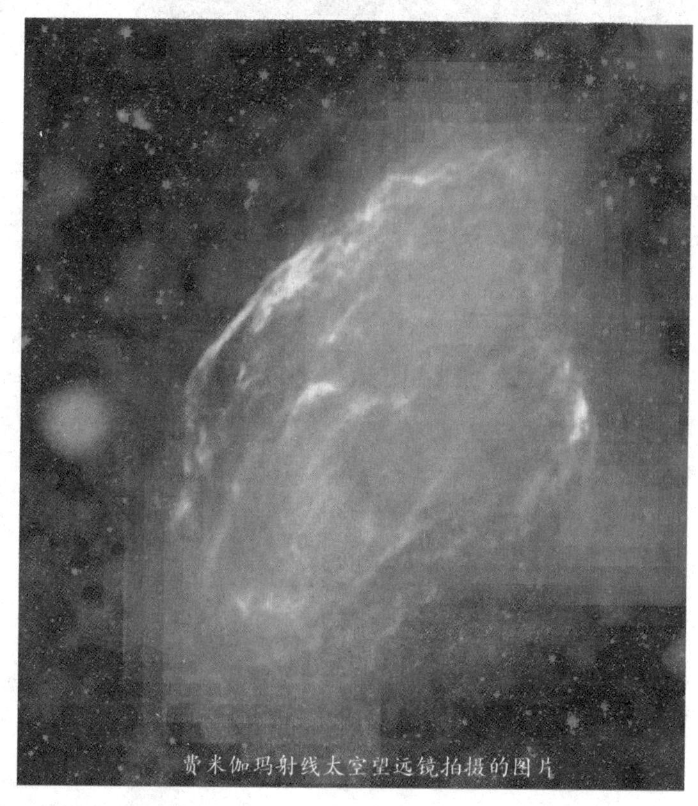
费米伽玛射线太空望远镜拍摄的图片

在此前由其他太空望远镜所观测到的闪电中，曾发现过过量电子向望远镜缓慢移动并产生伽玛射线。但是，布里格斯认为，由费米太空望远镜所观测到的过量正电子这一不同寻常的迹象表明，与闪电有关的某个磁场的方向发生了意外翻转才会产生这种现象。科学家们曾试图通过模型来分析和模拟磁场为什么会发生翻转以及如何翻转，但是到目前为止他们尚未找到答案。

伽玛射线闪电对于空中的飞机存在着致命的威胁。关于伽玛射线闪电，此前早有记录。上世纪90年代初，美国宇航局康普顿伽玛射线天文台首次发现伽玛射线闪电。到目前为止，拉马第高能太阳光谱成像探测器共探测到大约800次地球伽玛射线闪电。

知识卡片

恩里科·费米

恩里科·费米（1901—1954），美籍意大利裔物理学家，1938年诺贝尔物理学奖获得者。他对理论物理学和实验物理学方面均有重大贡献，首创了β衰变的定量理论，负责设计建造了世界首座自持续链式裂变核反应堆，发展了量子理论。

五、开普勒太空望远镜

开普勒太空望远镜是美国国家航空航天局设计来发现环绕着其他恒星之类地行星的太空望远镜。使用NASA发展的太空光度计，预计将花3.5年的时间，在绕行太阳的轨道上，观测10万颗恒星的光度，检测是否有行星凌星的现象（以凌日的方法检测行星）。为了尊崇德国天文学家约翰内斯·开普勒，这个任务被称为开普勒太空望远镜。

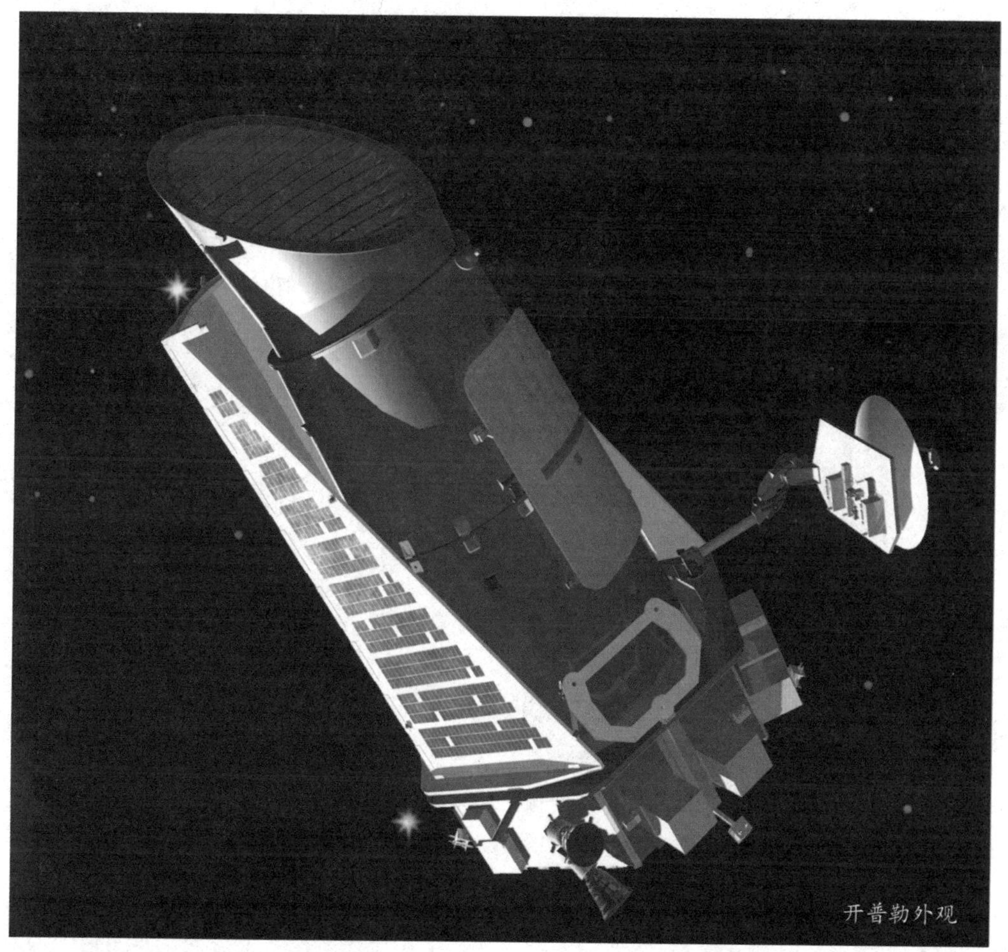

开普勒外观

开普勒是NASA低成本的发现计划聚焦在科学上的任务。NASA的艾美斯研究中心是这个任务的主管机关，提供主要的研究人员并负责地面系统的开发、任务的执行和科学资料的分析。开普勒太空望远镜进度的处理是由喷射推进实验室执行，贝尔太空科技公司负责开普勒太空望远镜飞行系统的开发。开普勒太空船于2009年3月6日成功的发射。

开普勒望远镜是世界是第一个真正能发现类地行星的太空任务，它将发现宜居住区围绕像我们太阳似的恒星运转的行星。水是生命之本，此宜居住区得是恒星周围适合于水存在的一片温度适宜的区域，在这种温度下的行星表面可能会有水池存在。

开普勒望远镜通过发现恒星亮度周期性变暗来探测太阳系外行星。当我们从地球上某个位置来观察天空时，如果有行星经过其母恒星的前面，就能发现此行星会导致其母恒星亮度稍微变暗。

开普勒望远镜结构图

开普勒望远具有太空最大的照相机，有一个95兆像素的电荷偶合器阵列，这就像我们日常使用的数码相机中的CCD一样。开普勒望远镜如此强大，以至于它从太空观察地球时，能发现居住在小镇上的人在夜里关掉他家的门廊灯。

开普勒太空望远镜定位在地-日系统的第二拉格朗日点，围绕太阳运转，所以可以全时段检测目标天区。此外，由于观测目标远离黄道面，可避免太阳系天体掩食的干扰。

开普勒太空望远镜由外面位于科罗拉多州波尔德市的大气和太空物理实验室（LASP）负责运作。太阳阵列在每年位于分至点时会转动至正对着太阳的方向，这些转动将用来优化照射到阵列上的阳光，并使热辐射器保持指向深太空的方向。同时，LASP和贝尔太空科技公司（该公司负责建造太空船和仪器）从位于科罗拉多州波尔德市的科罗拉多大学的控制中心进行操作。LASP进行基本的任务计划和科学资料最初的收集和分发工作。

NASA每星期两次透过X-波段的通信线路与太空船联系，下达指令和进行状态更新，每个月一次使用Ka带下载科学性的数据，传输的最大速率是4.33Mb/s。开普勒太空船在船上会自己进行部分的资料分析，只在必要时才会传送科学性的数据，以保持带宽。

在任务期间由LASP收集的遥测科学资料会被送至位于马里兰州巴尔的摩约翰霍普金斯大学校园内的太空望远镜技术学院开普勒数据管理中心（DMC）。这些遥测科学资料会被解码并且处理成未校正的FITS-并由DMC格式化成科学数据产品，然后通过在NASA的艾美斯研究中心的科学操作中心（SOC）进行校正和最后的处理。SOC将送回校正和处理好的数据产品和科学结果给DMC做长期的归档和经由在STScl的多任务档案（MAST）分送给世界各地的天文学家。

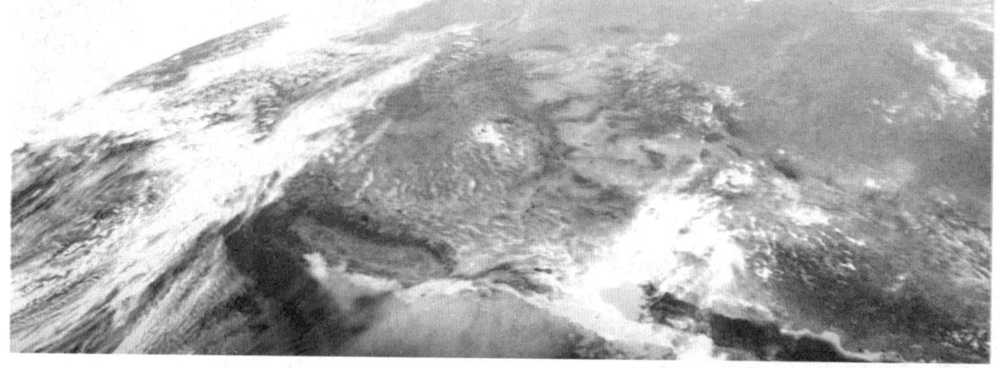

知识卡片

凌日

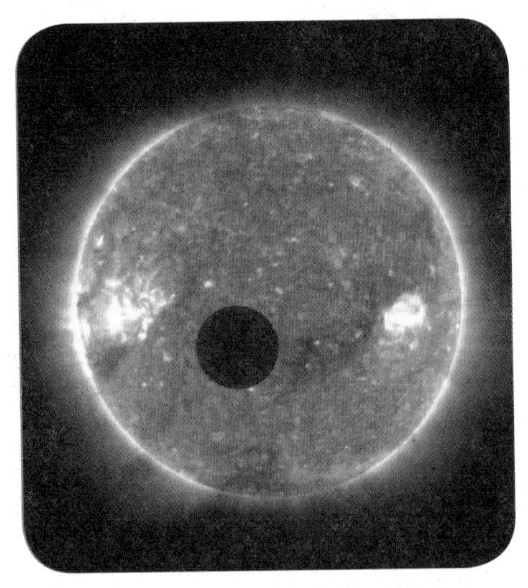

凌日即指太阳被一个小的暗星体遮挡。这种小的暗星体经常是太阳系行星。也可以解释为凌日是内行星经过日面的一种天文现象。水星和金星的绕日运行轨道在地球轨道以内，称内行星。

如果这两颗行星的一颗恰好从地球与太阳之间经过，地球上的观察者就会看到有一个黑点从太阳圆面通过，需时大约为一个多小时，人们把这种现象称为凌日。显然，地球上的人们能看到的只有水星凌日和金星凌日，如果人类能够站在火星观测，则可以看到地球凌日的胜景。

凌日一般以小时为计算单位。天文学家推测，2004年至2012年的凌日均为6小时左右。

电荷耦合元件

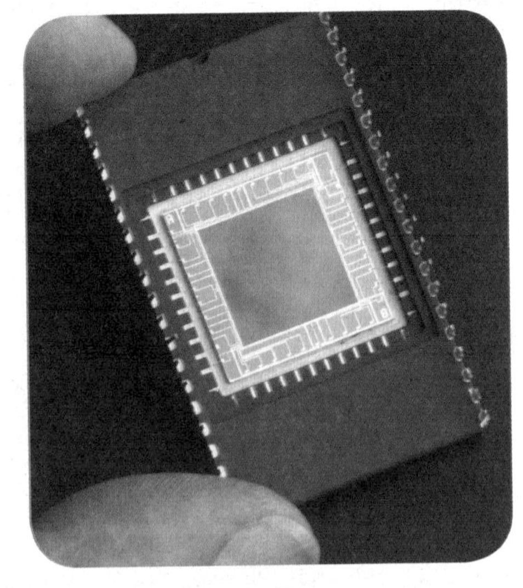

电荷耦合元件，英文为CCD，还可以称为CCD图像传感器。CCD是一种半导体器件，能够把光学影像转化为数字信号。

CCD上植入的微小光敏物质称作像素。一块CCD上包含的像素数越多，其提供的画面分辨率也就越高。CCD的作用就像胶片一样，但它是把图像像素转换成数字信号。CCD上有许多排列整齐的电容，能感应光线，并将影像转变成数字信号。经由外部电路的控制，每个小电容能将其所带的电荷转给它相邻的电容。

第5章 任重而道远——太空望远镜的现在与未来

六、詹姆斯·韦伯太空望远镜

詹姆斯·韦伯太空望远镜（英文缩写是JWST）是计划中的红外线观测用太空望远镜。作为将于2010年结束观测活动的哈勃太空望远镜的后续机，计划于2011年发射升空。但因为制造方面的问题，不得不延迟到2013年升空，因此，哈勃望远镜也不得不冒险进行修补以继续服役。目前，因为费用已经升到了80亿美元，镜片也已经从原计划的8米缩水为6.5米，这是为观察宇宙最遥远的地方，也就是宇宙大爆炸的第一缕光线的最低要求了。系欧洲空间局（ESA）和美国宇航局（NASA）的共同运用计划，放置于太阳–地球的第二拉格朗日点。

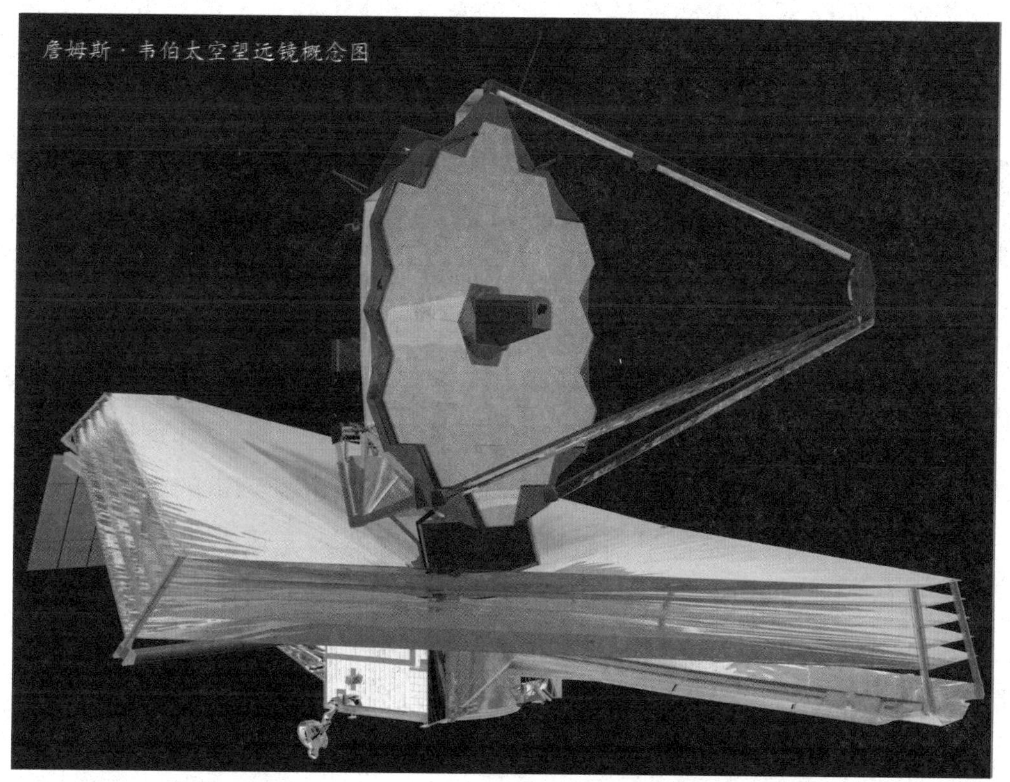
詹姆斯·韦伯太空望远镜概念图

詹姆斯·韦伯太空望远镜

詹姆斯·韦伯太空望远镜不像哈勃空间望远镜那样是围绕地球上空旋转，而是飘荡在从地球到太阳的背面的150万千米的空间。“詹姆斯·韦伯”这个名字是取自美国宇航局第二任局长詹姆斯·韦伯——在韦伯担任美国宇航局（NASA）领导人时美国的航天事业掀开了新的篇章，其中包括探测月球和“阿波罗”登月计划等。因此，“詹姆斯·韦伯”一诞生，便寄托着人们的厚望。

此项目曾经称为“新一代太空望远镜”，2002年以美国宇航局第二任局长詹姆斯·韦伯的名字命名。1961—1968年詹姆斯·韦伯担任局长期间曾领导了阿波罗计划等一系列美国重要的空间探测项目。

詹姆斯韦伯太空望远镜的主要的任务是调查作为大爆炸理论的残余红外线证据（宇宙微波背景辐射），即观测今天可见宇宙的初期状态。为达成此目的，它配备了高敏度红外线传感器、光谱器等。为便于观测，机体要能承受极限低温，也要避开太阳和地球的光，等等。为此，詹姆斯韦伯太空望远镜附带了可折叠的遮光板，以屏蔽会成为干扰的光源。因其处于拉格朗日点，地球和太阳在望远镜的视界总处于一样的相对位置，不用频繁的修正位置也能让遮光板确实的发挥功效。

计划中的詹姆斯韦伯太空望远镜的质量为6.2吨，约为哈勃空间望远镜11吨的一半。主反射镜由铍制成，口径达到6.5米，面积为哈勃太空望远镜的5倍以上，可以期待它将有远超哈勃空间望远镜非常高的观测性能。与此同时，相反的光学镜头的重量已经被轻量化了。

现在这面主镜的直径的比发射它用的火箭更大。主镜被分割成18块六角形的镜片，发射后这些镜片会在高精度的微型马达和波面传感器的控制下展开。但是，此法不会跟凯克望远镜一样，不必像地面望远镜那样必需根据重力负荷和风力的影响而要按主动光学来时常持续调整镜段，故詹姆斯韦伯太空望远镜除了初期配置之外将不会有太多改变。

主镜的镜面作为全体也形成六角形，聚光部和镜面都露在外面，容易让人联想到射电望远镜的天线。另外，它的主体也不呈筒状，而是在主镜下展开座席状的遮光板。

哈勃太空望远镜位于从地表大约600千米的较低的轨道位置上。因此，即使光学仪器发生故障也有可以用航天飞机来修理。詹姆斯韦伯太

詹姆斯·韦伯太空望远镜的一部分

空望远镜位于离地球150万千米的距离，即使出了故障也不可能频繁派遣修理人员。与此相反，它位于第二拉格朗日点上，重力相对稳定，故相对于邻近天体来说可以保持不变的位置，不用频繁地进行位置修正，可以更稳定的进行观测，而且还不会受到地球附近灰尘的影响。

詹姆斯·韦伯太空望远镜的底部

拉格朗日点

在天体力学中，拉格朗日点又称天平点是限制性三体问题的五个特解。例如，两个天体环绕运行，在空间中有五个位置可以放入第三个物体（质量忽略不计），并使其保持在两个天体的相应位置上。

理想状态下，两个同轨道物体以相同的周期旋转，两个天体的万有引力与离心力在拉格朗日点平衡，使得第三个物体与前两个物体相对静止。

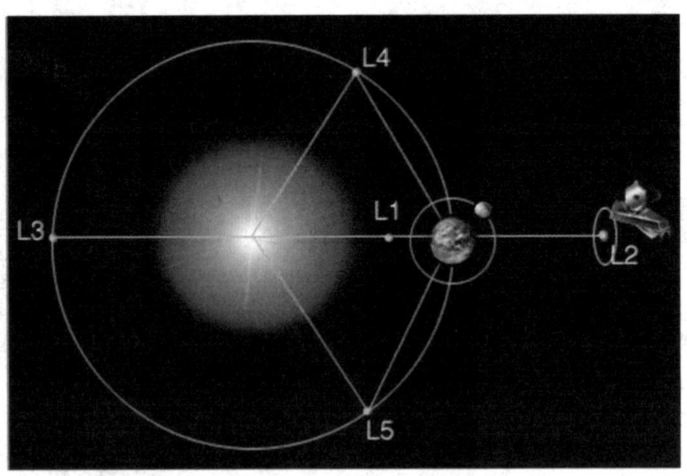

图中L2为第二拉格朗日点

七、SPICA

SPICA，是宇宙学与天体物理空间红外望远镜的缩写，是日本宇宙航空研究开发机构和美国国家航空航天局、欧洲空间局的合作项目，它将取代AKARI红外望远镜，成为新一代的中远红外波段望远镜。

SPICA将和以近中红外波段为主要观测区间的詹姆斯·韦伯太空望远镜在红外太空观测项目中形成互补之势。

SPICA计划在2009年仍然处于会议讨论阶段。预计SPICA将在2017年由日本H–2A运载火箭发射升空，并与詹姆斯·韦伯太空望远镜一样放置于地球背向太阳的后面150万千米的第二拉格朗日点。

日本H–2A运载火箭发射升空

SPICA采用口径3.5米的单镜面反射望远镜，主镜将采用碳化硅材料，并可能加入碳纤维以增加镜面的韧性。此外，SPICA将不携带制冷剂，而是和詹姆斯·韦伯太空望远镜一样完全依靠被动制冷（即在太空中自然冷却)和机械制冷的方式。使用碳化硅和不携带制冷剂两种设计将减轻望远镜的重量。目前估计SPICA的发射重量为2600千克。

SPICA的观测设备有：工作波段在35～210微米的摄谱仪，同时也可以作为远红外相机(由欧洲太空总署提供)，用于拍摄天体的红外光谱；工作波段在5～20微米的星冕仪，可以观看明亮天体附近的暗弱目标，用于寻找太阳系外行星；工作波段在4～40微米的高分辨率摄谱仪；工作波段在10～100微米的低分辨率摄谱仪。

欧洲太空总署标志

星系

SPICA的任务顾名思义就是在宇宙学和天体物理领域进行更加深入的研究。具体内容为：星系的诞生和演化，恒星和行星系的诞生和演化，星际物质的演化。

欧洲太空总署

欧洲航天局是一个欧洲数国政府间的空间探测和开发组织，总部设在法国首都巴黎。

欧洲航天局的前身，欧洲航天研究组织经过1962年6月14日签署的一项协议，于1964年3月20日建立。如今它仍旧是欧洲航天局的一部分，称为欧洲航天研究与技术中心，位于荷兰的诺德惠克。

欧洲航天局与欧盟没有关系。欧洲航天局包括了非欧盟国家如瑞士和挪威。欧洲航天局共有约2200名工作人员（2011年）。发射中心是位于法属圭亚那的圭亚那发射中心。由于其相对于赤道较近，使卫星发射至地球同步轨道较为经济（同质量下所需燃料较少）。控制中心位于德国的达姆施塔特。

第6章

造福人类
——太空望远镜与未来世界

◎ 太空望远镜与现代天文学
◎ 太空望远镜与现代虚拟技术
◎ 太空望远镜与航天科技
◎ 太空望远镜与现代物理学
◎ 太空望远镜与现代医学

第6章
造福人类——太空望远镜与未来世界

一、太空望远镜与现代天文学

“行星连珠”示意图

天文学是研究宇宙空间天体、宇宙的结构和发展的学科。内容包括天体的构造、性质和运行规律等。主要通过观测天体发射到地球的辐射，发现并测量它们的位置、探索它们的运动规律、研究它们的物理性质、化学组成、内部结构、能量来源及其演化规律。天文学是一门古老的科学，自有人类文明史以来，天文学就有重要的地位。

天文学研究的对象有极大的尺度，极长的时间，极端的物理特性，因而地面试验室很难模拟。因此天文学的研究方法主要依靠观测。由于地球大气对紫外辐射、X射线和 γ 射线不透明，因此许多太空探测方法和手段相继出现，例如气球、火箭、人造卫星和航天器等。

天文学的理论常常由于观测信息的不足，天文学家经常会提出许多假说来解释一些天文现象。然后再根据新的观测结果，对原来的理论进行修改或者用新的理论来代替。

所谓“工欲善其事，必先利其器”，在没有太空望远镜之前，科学家们只能在地球各处想尽办法减少干扰，但结果还是不尽如人意。太空望远镜的出现无疑是现代天文学的一大进步。作为有力的观测工具，太空望远镜为科学家们做出了巨大的贡献。

新世纪以来，天文学家使用许多不同类型的望远镜来收集宇宙的信息，天文学已进入一个崭新的阶段。绝大多数望远镜是安放在地球上的，

太空望远镜拍摄的仙女座星系

但也有些望远镜被放置在太空中，沿着轨道运转，如哈勃太空望远镜。现在，天文学家还能够通过发射的航天探测器来了解某些太空信息。

多年来，天文观测手段已从传统的光学观测扩展到了从射电、红外、紫外到X射线和γ射线的全部电磁波段。这导致一大批新天体和新天象的发现：类星体、活动星系、脉冲星、微波背景辐射、星际分子、X射线双星、γ射线源等，使得天文研究空前繁荣和活跃。口径2米级的空间望远镜已经进入轨道开始工作。一批口径10米级的光学望远镜将建成。

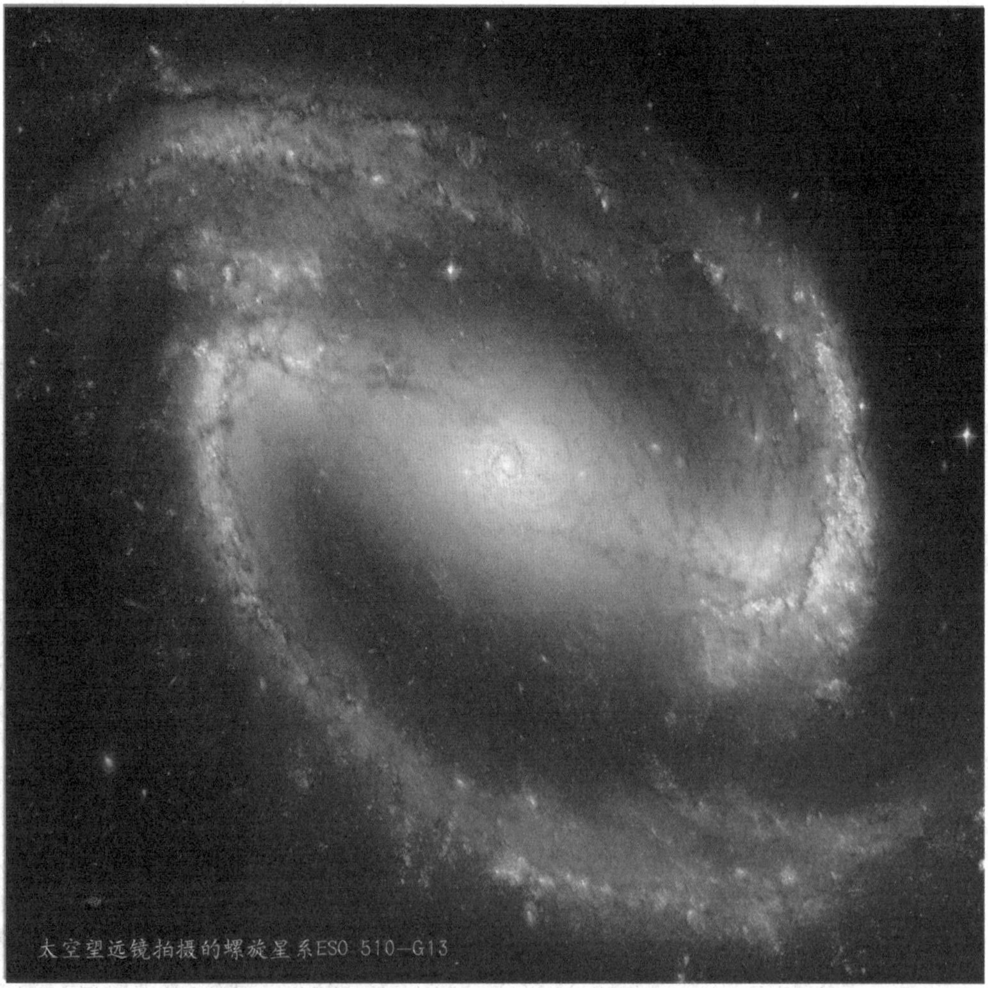

太空望远镜拍摄的螺旋星系ESO 510-G13

γ射线暴爆发

射电方面的甚长基线干涉阵和空间甚长基线干涉仪，红外方面的空间外望远镜设施，X射线方面的高级X射线天文设施等不久都将问世。γ射线天文台已经投入工作。这些仪器的威力巨大，远远超过现有的天文设备。可以预料，这些天文仪器的投入使用必将使天文学注入新的生命力，使人们对宇宙的认识提高到一个新的水平，天文学正处在大飞跃的前夜。

天体

天体是指宇宙空间的物质形体。天体的集聚，从而形成了各种天文状态的研究对象。天体，是对宇宙空间物质的真实存在而言的，也是各种星体和星际物质的通称。

人类发射并在太空中运行的人造卫星、宇宙飞船、空间实验室、月球探测器、行星探测器、行星际探测器等则被称为人造天体。

第6章 造福人类——太空望远镜与未来世界

二、太空望远镜与现代虚拟技术

虽然经过前面的详细介绍，我们对太空望远镜有了比较深入的了解，但一般人是无法直接接触到太空望远镜的。这种“既熟悉又陌生”的感觉让人很别扭。目前，我们唯一能接触到的关于太空望远镜的感性认识，就只是它们所传回来的图片。太空望远镜传回来的照片除了提供给科学家研究外，还有什么用呢?

谷歌公司最近推出了“谷歌太空”虚拟太空望远镜服务，互联网用户只需轻点鼠标，就可以尽情地遨游太空，并探索各种遥远星系的形成之谜。

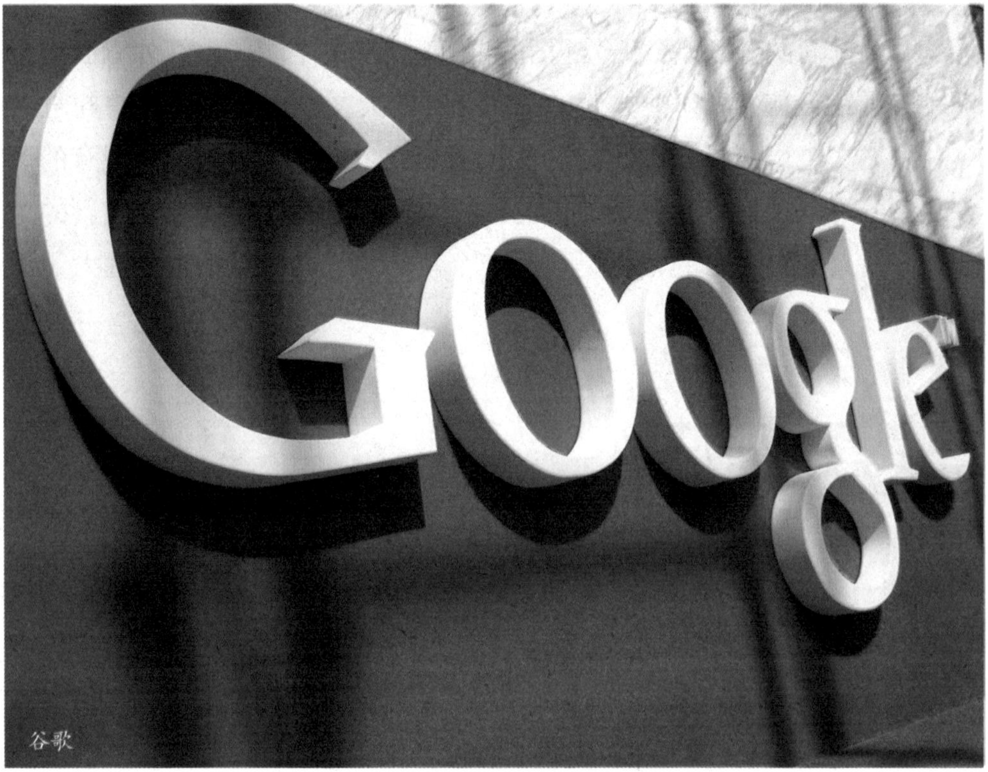

谷歌

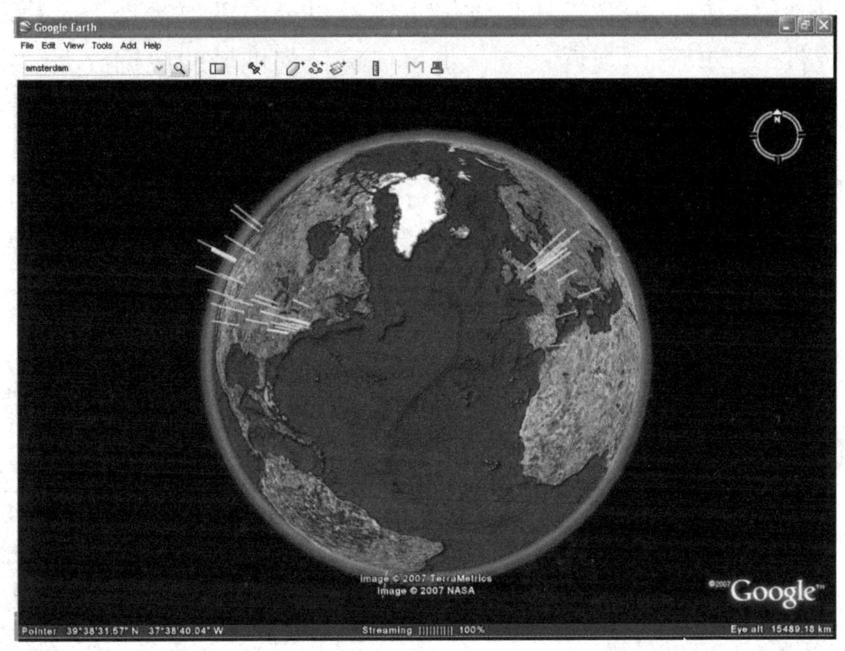

谷歌太空的页面

谷歌天空使用哈勃太空望远镜拍摄的高解析度图片，可以让用户遨游太空，并放大观察1亿颗恒星和2亿个星系。另外它还能通过不同图层显示恒星演变史、星群、哈勃望远镜拍摄的高解析度图片以及星系指南。谷歌天空把图片“无缝”连接在一起，形成虚拟望远镜，使用户可以看到从地球上任何地点观察到的夜晚天空图像，并借助虚拟望远镜进行模拟“星际旅行”，观看小熊星座或银河系，还可以亲眼看到一颗恒星从形成到演变为超新星的生命历程。

普通天文爱好者也可以向谷歌天空上传信息和图片，包括在自家后院拍到的夜空照片，或有关恒星大爆炸的任何信息。经过专业人士审核后，这些信息就有可能为谷歌天空所用，出现在谷歌天空的网站上。

有科学人士称该项目是一个“有想像力、强大而独特的工具”，称谷歌天空“为大众打开了通向天空的一扇窗，人们通过这扇窗可以更好地探索宇宙奥秘”。

继谷歌之后，微软公司也推出了微软世界望远镜，它是微软太空望远镜软件。用户可以观看夜空，也可以将任何地域的数据放大。微软表示要加入哈勃望远镜和多个环绕地球的太空望远镜，为用户提供更为准确的数据服务。当用户查看一个地域时，可以从不同的角度观看。

微软公司门店

与谷歌推出的谷歌天空相比，微软世界望远镜(微软太空望远镜)性能更好。最主要的是其用户界面，围绕天空的缩放，实现了无缝操作。在这个项目中，微软将使用目前绝大部分的照片技术。

微软世界望远镜的页面

谷歌

Google是一家美国上市公司（公有股份公司），于1998年9月7日以私有股份公司的形式创立，以设计并管理一个互联网搜索引擎。Google公司的总部称作“Googleplex”，它位于加利福尼亚山景城。

Google 创始人在斯坦福大学的学生宿舍内共同开发了全新的在线搜索引擎，然后迅速传播给全球的信息搜索者。Google 目前被公认为是全球规模最大的搜索引擎，它提供了简单易用的免费服务。不作恶是谷歌公司的一项非正式的公司口号。

微软

微软公司是世界PC(个人计算机)机软件开发的先导，由比尔·盖茨与保罗·艾伦创始于1975年，总部设在华盛顿州的雷德蒙市（邻近西雅图）。

目前是全球最大的电脑软件提供商。微软公司现有雇员6.4万人，2005年营业额368亿美元。其主要产品为Windows操作系统、Internet Explorer网页浏览器及Microsoft Office办公软件套件。1999年推出了MSN Messenger网络即时信息客户程序，2001年推出Xbox游戏机，参与游戏终端机市场竞争。

三、太空望远镜与航天科技

航天又称空间飞行、太空飞行、宇宙航行或航天飞行。系指航天器在太空的航行活动。有的科学家曾把航天器在太阳系内的航行活动称为航天，航天器在太阳系外的航行活动称为航宇，现在则把航天器在太阳系内和太阳系外的航行活动统称为航天。航天活动的目的是探索、开发和利用太空与天体，为人类服务。航天的基本条件是航天器必须达到足够的速度，摆脱地球或太阳的引力。第一、第二、第三宇宙速度是航天所需的特征速度。

太空望远镜要在太空中遨游，必须依靠航天仪器的辅助。没有现代发达的航天航空技术，就没有所谓的太空望远镜，这是不可置否的事实。但其实，太空望远镜也在促进航天航空技术的发展。

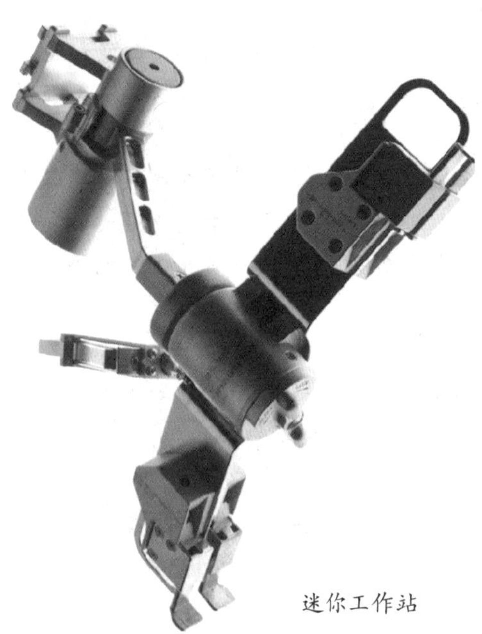
迷你工作站

在发射与维护太空望远镜的同时，科学家们面对着各种预测不到的困难，但最后还是成功克服了。这个克服困难的过程，其实也就是进步的过程。

在对哈勃进行第五次维修的时候，宇航员们一共携带了180种特制工具，而其中116种是专门为此次任务设计的。

高扭矩低速手持动力设备由微处理器控制，它可以大大减轻宇航员的手部压力，为上紧和卸载固件提供便利。

迷你工作站被固定在进行太空行走的宇航员胸部，用来携带维修设备。低扭矩高速设备用来迅速卸载螺丝。用来承装太空望远镜成像光谱仪维修零件的工作袋。

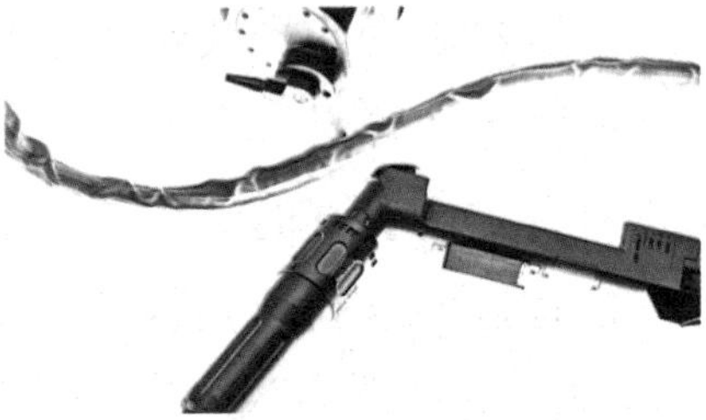

低扭矩高速设备

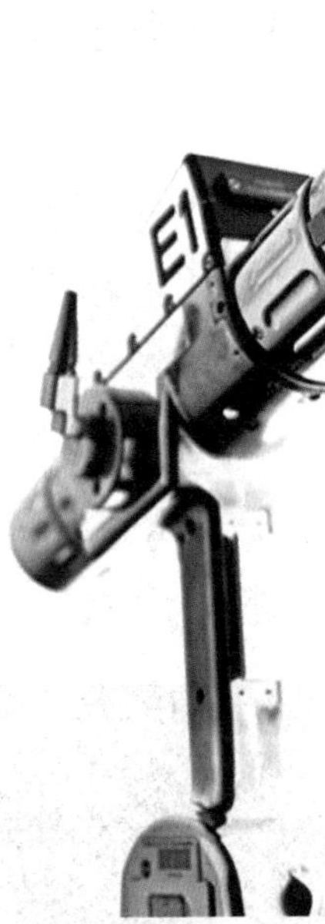

高扭矩低速手持动力设备

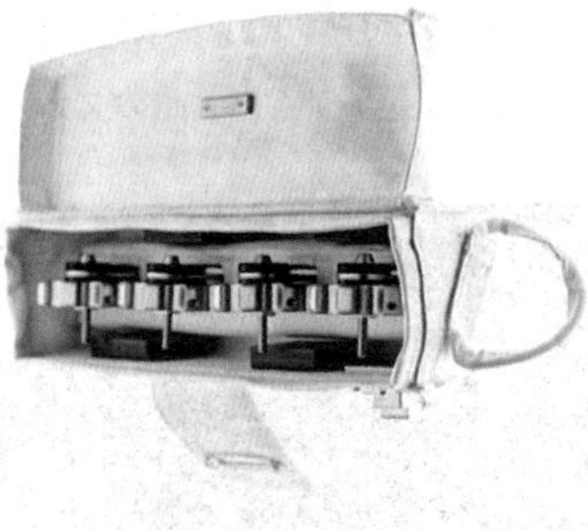

成像光谱仪维修零件的工作袋

微处理器

微处理器用一片或少数几片大规模集成电路组成的中央处理器。这些电路执行控制部件和算术逻辑部件的功能。微处理器与传统的中央处理器相比，具有体积小、重量轻和容易模块化等优点。

微处理器的基本组成部分有：寄存器堆、运算器、时序控制电路，以及数据和地址总线。微处理器能完成取指令、执行指令，以及与外界存储器和逻辑部件交换信息等操作，是微型计算机的运算控制部分。它可与存储器和外围电路芯片组成微型计算机。

第6章 造福人类——太空望远镜与未来世界

四、太空望远镜与现代物理学

太空望远镜的发现与现代物理学息息相关。现代物理中很多重要推想与理论的证明都依赖于现实观测结果。

黑洞是一种引力极强的天体，就连光也不能逃脱。当恒星的史瓦西半径小到一定程度时，就连垂直表面发射的光都无法逃逸了。这时恒星就变成了黑洞。说它“黑”，是指它就像宇宙中的无底洞，任何物质一旦掉进去，“似乎”就再不能逃出。由于黑洞中的光无法逃逸，所以我们无法直接观测到黑洞。然而，可以通过测量它对周围天体的作用和影响来间接观测或推测到它的存在。黑洞引申义为无法摆脱的境遇。

太空望远镜捕捉到罕见太空黑洞喷发粒子流

2010年11月16日凌晨1点30分，美国宇航局宣称，科学家通过美国宇航黑洞局钱德拉X射线望远镜在距地球5000万光年处发现了仅诞生30年的黑洞。

暗物质环

由哈勃提供的高解析光谱和影像很明确的证实了盛行的黑洞存在于星系核中的学说。在20世纪60年代初期，黑洞将在某些星系的核心被发现还只是一种假说，在80年代才鉴定出一些星系核心可能是黑洞候选者的工作，哈勃的工作却使得星系的核心是黑洞成为一种普遍和共同的认知。哈勃的计划在未来将着重于星系核心黑洞质量和星系本质的紧密关联上，哈勃对星系中黑洞的研究将在星系的发展和中心黑洞的关连上产生深刻与长远的影响。

在宇宙学中，暗物质是指那些自身不发射电磁辐射，也不与电磁波相互作用的一种物质。人们目前只能通过引力产生的效应得知宇宙中有大量暗物质的存在。暗物质存在的最早证据来源于对球状星系旋转速度的观测。现代天文学通过引力透镜、宇宙中大尺度结构形成、微波背景辐射等研究表明：我们目前所认知的部分大概只占宇宙的4%，暗物质占了宇宙的23%，还有73%是一种导致宇宙加速膨胀的暗能量。2011年5月，意大利暗物质探测无果，该研究结果质疑其它发现暗物质结果。

2007年，哈勃太空望远镜发现暗物质环，天文学家们说，通过50亿年前正在撞击的两个星系团，发现了迄今为止最为强有力的证据，证实了暗物质的存在。他们所发现的东西像是巨大的暗物质环，直径足有260万光年。

2012年3月，据国外媒体报道，美国宇航局“哈勃”太空望远镜近日在距离地球24亿光年的“阿贝尔520”星系团中再次发现了一个巨大的暗物质块。

“阿贝尔520”星系团中心的暗物质、星系和炽热气体

恒星

恒星是由炽热气体组成的，是能自己发光的球状或类球状天体。由于恒星离我们太远，不借助于特殊工具和方法，很难发现它们在天上的位置变化，因此古代人把它们认为是固定不动的星体。我们所处的太阳系的主星太阳就是一颗恒星。

第6章
造福人类——太空望远镜与未来世界

五、太空望远镜与现代医学

太空望远镜除了在上述领域为人类作出巨大贡献外，在现代医疗方面，它们给人们带来了灵感与惊喜。

今天，哈勃太空望远镜的大名几乎是家喻户晓，因为哈勃给我们带来了太多精美的图片，让我们更多的了解浩淼瑰丽的宇宙。但是，许多人都不知道，哈勃还在其他更多地方改变着这个世界。

在研制这架著名的太空望远镜的时候发展出的许多新技术，有些已经被用于制造更先进的医学仪器与科研工具，我们来看一下其中的一部分。

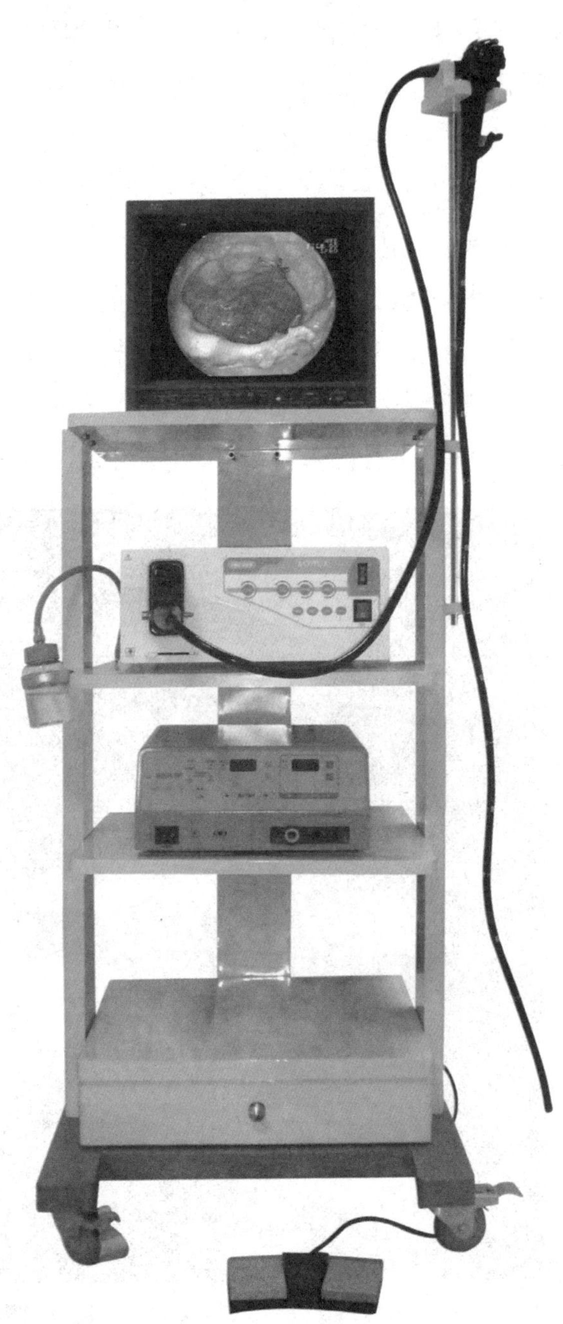

内窥镜是一种医疗仪器，可以帮助内科医生通过屏幕，探查病人的体内状态。内窥镜一个配备有灯光的管子，它可以经口腔进入胃内或经其他天然孔道进入体内。利用内窥镜可以看到X射线不能显示的病变，因此它对医生非常有用。例如，借助内窥镜医生可以观察胃内的溃疡或肿瘤，据此制定出最佳的治疗方案。

用于增强哈勃太空望远镜图片质量的技术，已经被用于制造更精确的内窥镜，从而可以更好的帮助内科专家探查病因，减少给病人带来的痛苦。

CCD是一种将光线转化为数据信号的电子器件，通过CCD，我们可以将遥远星体发出的光线存储为数码图片。当科学家研制哈勃太空望远镜的时候，他们认识到现有的CCD技术无法满足哈勃的需要，于是NASA开始与一些公司合作，研发更先进的CCD。

这一项技术随后被用于制作更先进的活体组织检查仪器，医生可以利用这些仪器检查并分析活体组织。

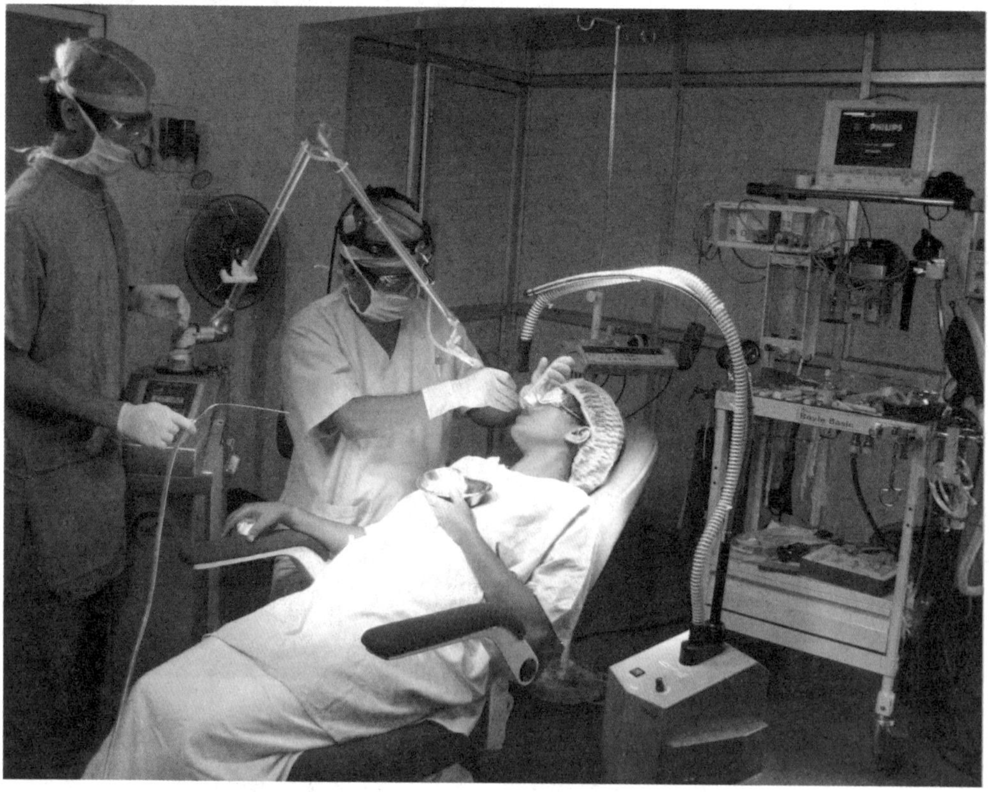

医生正使用内窥镜为病人做检查

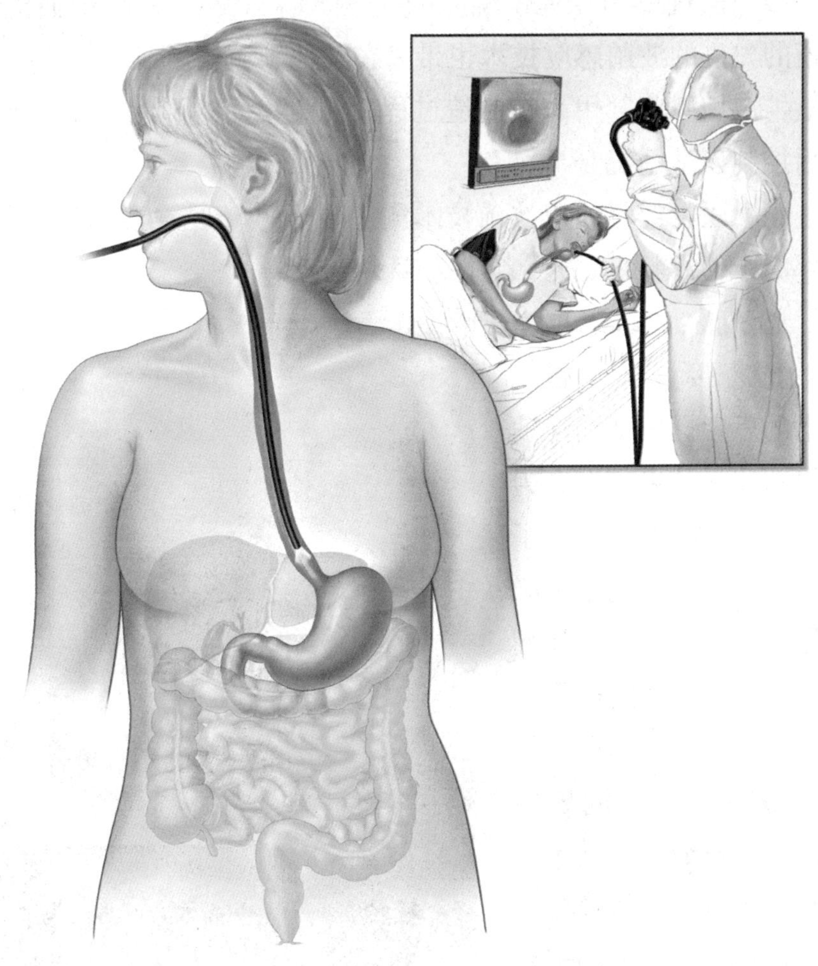

活体检验示意图

除了伟大的哈勃以外，詹姆斯·韦伯太空望远镜也为现代医疗事业作出了突出贡献。阿尔伯克基市阿博特医学光学实验室的研究员丹尼尔博士说："韦伯望远镜计划带来很多方面的改进，包括天文学的测量技术、反射镜制造、人眼检测、眼病诊断和手术等。"

韦伯望远镜将是美国航天局有史以来制造的科技能力最强大的望远镜，比哈勃太空望远镜强大100倍。韦伯望远镜将发现宇宙初期形成的最早星系，把大爆炸与银河系联系起来。

参与改进韦伯望远镜镜面的托尼·赫尔说："检测韦伯望远镜18个主镜的先进的波前感应技术也带来在其他领域的新应用。"

"波前感应"用来在制造过程中测量镜面的形状，在望远镜进入轨道后控制光学系统。

眼科医师经常使用波前技术测量眼睛的畸变。这些测量结果有助于眼部健康的诊断、研究、定性和计划治疗。

尼尔说："这项技术也为即将接受激光屈光手术的患者提供更加准确的眼部测量结果。迄今为止，仅仅美国就进行了1000万～1200万例眼部激光屈光手术。随着科技的进步，这类手术的质量也在提高。"

为韦伯望远镜研制的"扫描与缝缀"技术还带来若干有创意的仪器设想，可提高对普通隐形眼镜和植入式隐形眼镜的测量精度。对眼部健康的另一个好处是，这项技术有助于更加准确地"绘制"眼睛的构形。

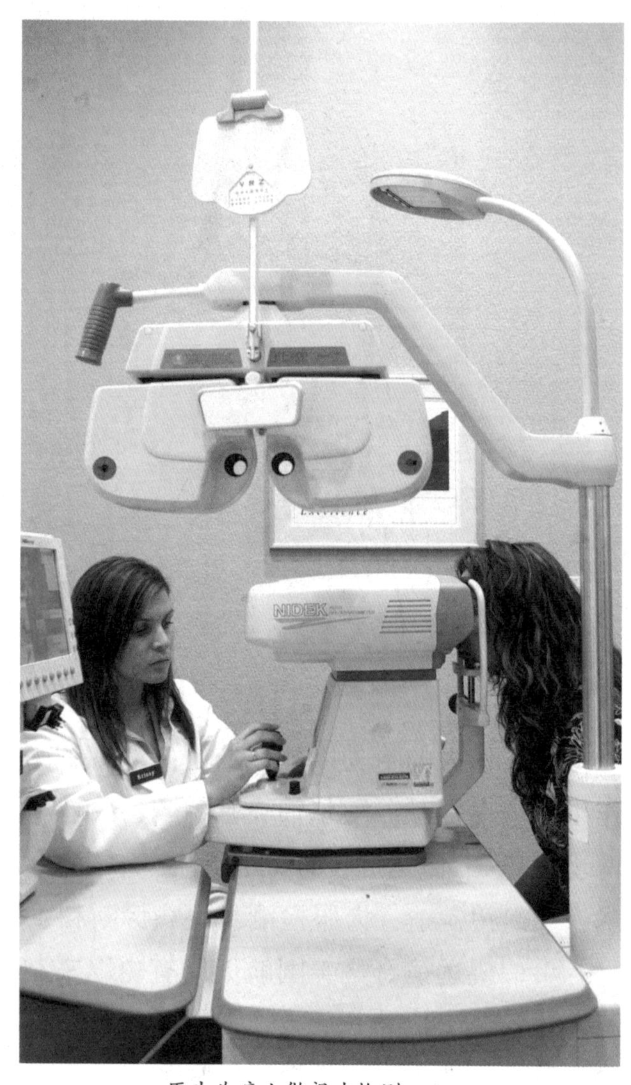

医生为病人做视力检测

活体组织检查

从病人身上切取病变组织做病理检查，用以协助临床医生确定疾病的诊断方法。一般用外科手术切取、钳取或刮取抽吸等方法，获得病人的小块病变组织、体液、细胞，经过病理组织学方法或细胞学方法，制成薄切片，在光学或电子显微镜下观察，作出病理诊断，然后交给临床医师作为临床诊断、治疗和判断预后的重要依据。

活体组织检查的目的，主要是作出准确的病理诊断，判断病变的部位、范围、性质和肿瘤的良恶性；帮助确定治疗方案；在器官移植中，帮助判断有无排异现象。活组织检查一般常用石蜡包埋，切片用苏木精–伊红〈HE〉染色，在1～4天内做出病理诊断。为了满足临床需要，还要做冰冻切片。一般在15分钟左右就可以作出准确的诊断。

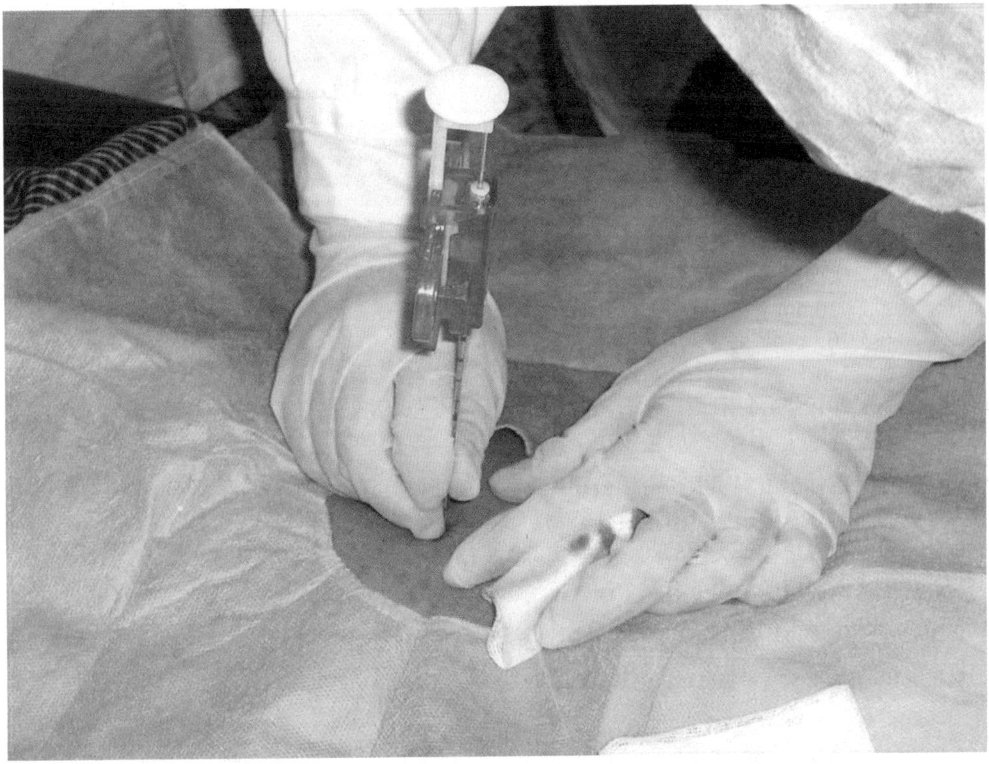

图书在版编目（CIP）数据

图说太空望远镜 / 左玉河，李书源主编．-- 长春：吉林出版集团有限责任公司，2012.4
（中华青少年科学文化博览丛书 / 李营主编．科学技术卷）

ISBN 978-7-5463-8847-2-03

Ⅰ．①图… Ⅱ．①左… ②李… Ⅲ．①天文望远镜－青年读物②天文望远镜－少年读物 Ⅳ．① P111.2-49

中国版本图书馆 CIP 数据核字（2012）第 053547 号

图说太空望远镜

作　　者／左玉河　李书源
责任编辑／张西琳
开　　本／710mm×1000mm　1/16
印　　张／10
字　　数／150千字
版　　次／2012年4月第1版
印　　次／2021年5月第4次

出　　版／吉林出版集团股份有限公司（长春市福祉大路5788号龙腾国际A座）
发　　行／吉林音像出版社有限责任公司
地　　址／长春市福祉大路5788号龙腾国际A座13楼　　邮编：130117
印　　刷／三河市华晨印务有限公司

ISBN 978-7-5463-8847-2-03　　定价／39.80元